피타고라스가 들려주는 삼각형 이야기

피타고라스가 들려주는 삼각형 이야기

초 판 1쇄 발행일 | 2005년 9월 20일
개정판 1쇄 발행일 | 2010년 9월 1일
개정판 14쇄 발행일 | 2021년 5월 31일

지은이 | 정완상
펴낸이 | 정은영
펴낸곳 | (주)자음과모음

출판등록 | 2001년 11월 28일 제2001-000259호
주 소 | 04047 서울시 마포구 양화로6길 49
전 화 | 편집부 (02)324-2347, 경영지원부 (02)325-6047
팩 스 | 편집부 (02)324-2348, 경영지원부 (02)2648-1311
e-mail | jamoteen@jamobook.com

ISBN 978-89-544-2046-4 (44400)

피타고라스가
들려주는

삼각형 이야기

| 정완상 지음 |

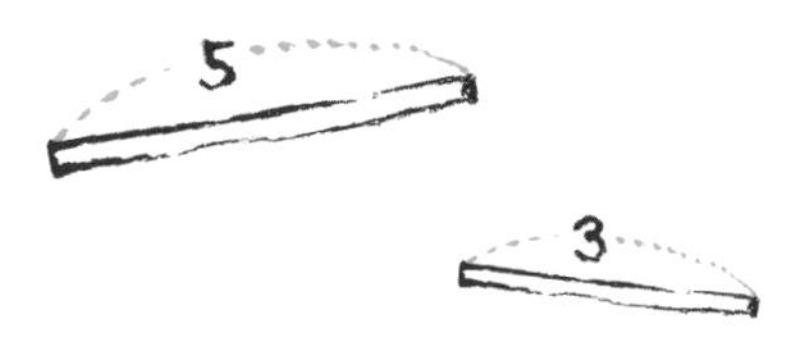

(주)자음과모음

피타고라스를 꿈꾸는 청소년을 위한 '삼각형' 이야기

피타고라스는 아주 유명한 수학자입니다. 그는 피타고라스의 정리로 교과서에 등장하지만 초등학교에서는 피타고라스의 정리를 배우지 않습니다. 하지만 이 책은 초등학생들도 피타고라스의 정리를 이해할 수 있도록 구성하였습니다.

한국과학기술원(KAIST)에서 이론 물리학으로 박사 학위를 받은 저는 수업 경험을 살려 학생들을 위해 쉽고 재미난 강의 형식을 도입했습니다. 수업은 피타고라스가 직접 여러분에게 삼각형 이야기를 들려주는 것으로 진행될 것입니다.

이 책에서 눈여겨볼 것은 피타고라스의 정리에 대한 여러 가지 재미있는 증명법입니다. 그리고 피타고라스의 정리를 여러 도형 문제에 활용한 부분도 새미있습니다. 이 책은 피타고라스의 정리뿐 아니라 삼각형에 대한 많은 내용들을 담고 있습니다. 그러므로 삼각형과 관련된 모든 내용을 정리해 보고 싶은 청소년들에게 적극 추천하고 싶은 책입니다.

특히 이 책의 부록 동화 〈삼각 나라의 앨리스〉는 삼각형과 관련된 여러 가지 수학 퍼즐을 통해 책에서 배운 내용을 총정리할 수 있는 기회가 될 것입니다.

마지막으로 이 책이 나올 수 있도록 물심양면으로 도와준 (주)자음과모음의 강병철 사장님과 이 책의 원고를 교정해 주고, 부록 동화에 대해 함께 토론하며 좋은 책이 될 수 있게 도와준 편집부 직원들에게 감사를 드립니다.

정 완 상

차례

부록

첫 번째 수업 1

삼각형이란 무엇일까요?

삼각형의 정의에 대해 알아봅시다.
삼각형에는 어떤 종류가 있을까요?

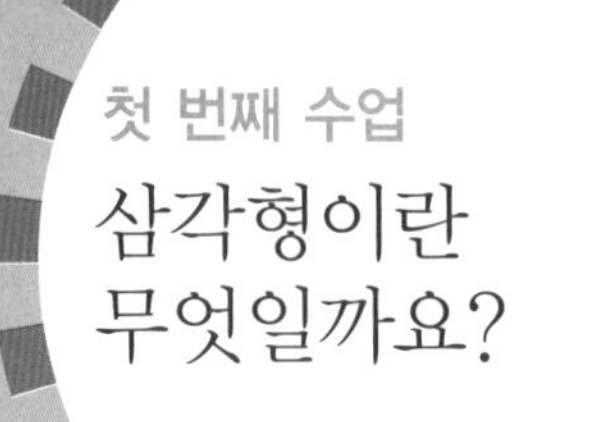

첫 번째 수업

삼각형이란 무엇일까요?

교과연계.

초등 수학 4-1	4. 삼각형
초등 수학 5-2	3. 도형의 합동
중등 수학 1-2	II. 기본 도형

피타고라스는 삼각형의 수학적 의미를 알려 줄 생각에 흐뭇해하며 첫 번째 수업을 시작했다.

삼각형은 세 변과 세 점을 가지고 있는 우리에게 아주 친숙한 도형입니다.

피타고라스는 점 3개를 칠판에 그리고 진희에게 3개의 점을 연결하라고 했다.

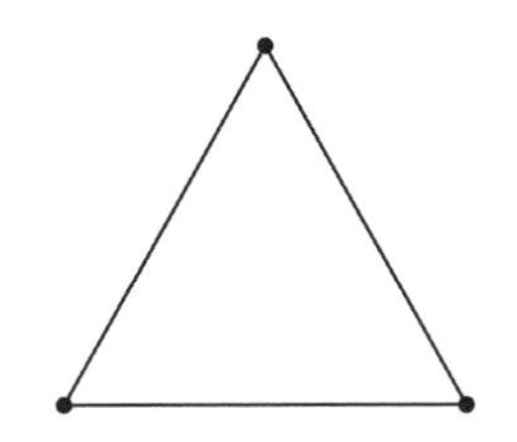

3개의 점을 연결하면 삼각형이 만들어집니다. 그렇다면 3개의 점은 항상 삼각형을 만들까요?

피타고라스는 일렬로 점을 3개 찍고 준수에게 그것을 연결하게 했다.

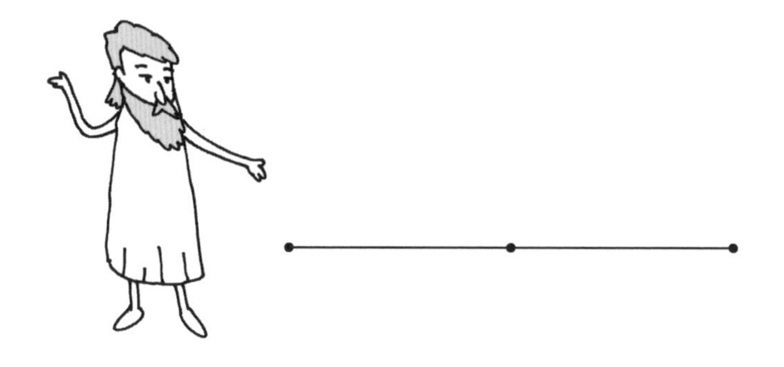

앗! 이번에는 삼각형이 아니라 직선이 만들어졌군요. 세 점이 일직선 위에 있기 때문입니다. 그러므로 세 점으로 삼각형을 만들려면 세 점이 일직선에 있지 않아야 합니다.

삼각형

이번에는 삼각형을 이루는 여러 가지 정의에 대해 알아봅시다.

피타고라스가 삼각형 하나를 그렸다.

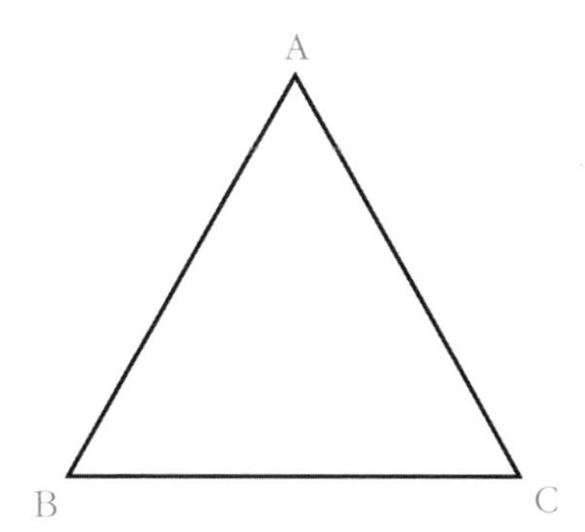

점 A와 점 B를 연결한 선을 선분 AB라고 하고, 이렇게 두 꼭짓점을 이은 선분을 삼각형의 변이라고 합니다. 이 삼각형의 변은 선분 AB, 선분 BC, 선분 CA의 3개입니다.

A, B, C는 삼각형의 두 변이 만나는 점이죠? 이 세 점을 삼각형의 꼭짓점이라고 부르고, 이 삼각형은 삼각형 ABC라고 부릅니다.

피타고라스는 꼭짓점 A에서 변 BC로 수선을 그었다.

꼭짓점 A에서 변 BC로 내린 수선 AD를 삼각형의 높이라

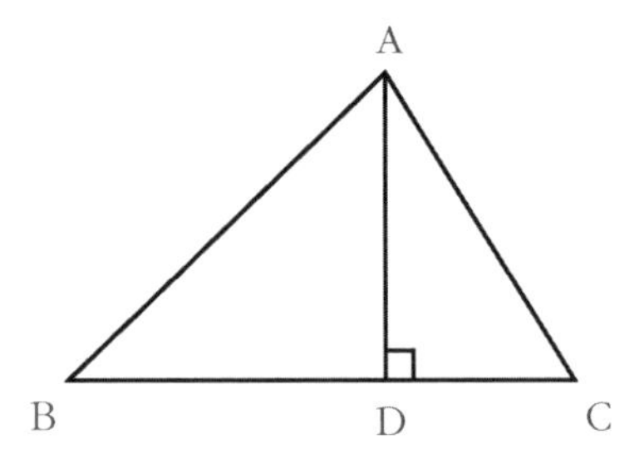

고 부릅니다. 이때 점 D를 수선의 발이라고 부르지요. 또 변 BC는 밑변이라고 부릅니다.

삼각형의 종류

이제 변의 길이로 삼각형의 종류를 알아보겠습니다.

피타고라스는 길이가 10cm인 3개의 종이테이프를 압정으로 연결했다.

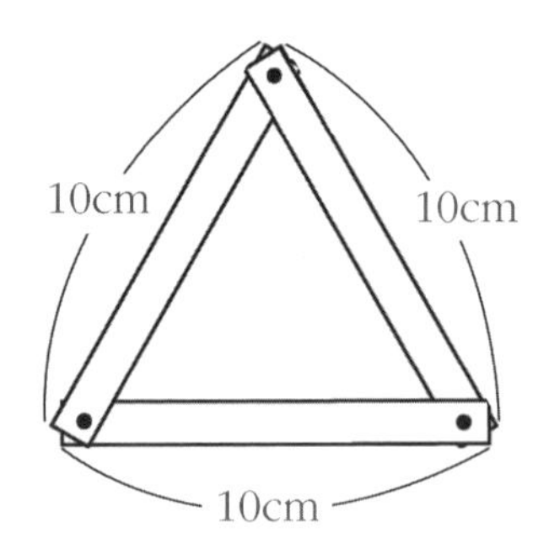

이 삼각형은 세 변의 길이가 10cm로 같지요? 이렇게 세 변의 길이가 같은 삼각형을 정삼각형이라고 부릅니다.

피타고라스는 10cm의 종이테이프 2개와 6cm의 종이테이프 하나를 압정으로 연결했다.

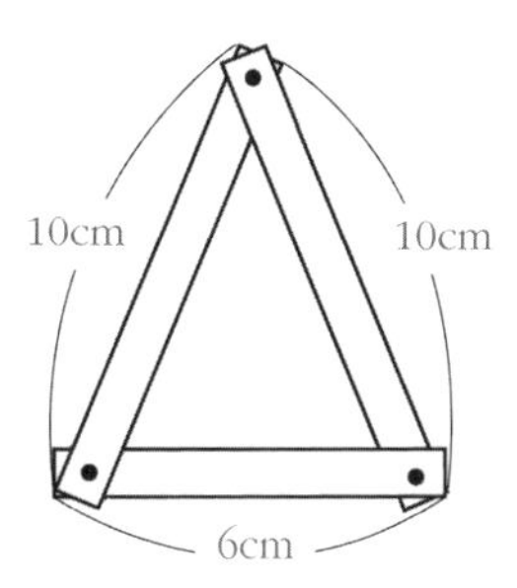

이 삼각형은 두 변의 길이가 같군요. 이것을 이등변삼각형이라고 부릅니다.

피타고라스는 각각의 길이가 4cm, 5cm, 7cm인 3개의 종이테이프를 압정으로 연결했다.

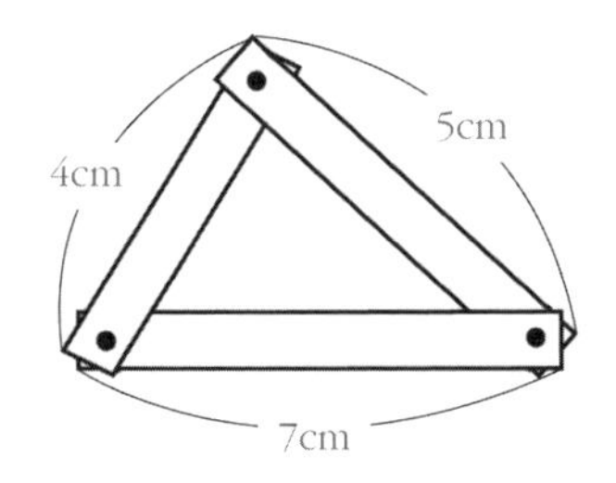

이 삼각형은 세 변의 길이가 모두 다르군요. 이런 삼각형을 부등변삼각형이라고 부릅니다.

삼각형의 결정조건

우리는 세 변이 주어지면 삼각형을 만들 수 있다고 배웠습니다. 이제 세 변이 삼각형을 결정할 수 있는 조건에 대해 알아보겠습니다.

피타고라스는 3cm, 4cm, 6cm 길이의 종이테이프를 진희에게 나누어 주고 삼각형을 만들라고 했다. 진희는 압정으로 3개의 종이테이프를 연결하여 삼각형을 만들었다.

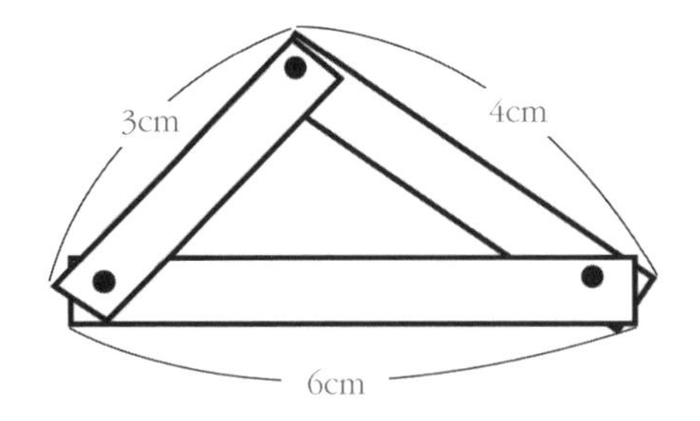

삼각형이 만들어졌지요?

피타고라스는 길이 2cm, 3cm, 6cm의 종이테이프를 준수에게 주고 삼각형을 만들라고 했다. 준수는 삼각형을 만들지 못해 쩔쩔매고 있었다.

삼각형이 만들어지지 않지요? 이렇게 어떤 세 선분은 삼각형을 만들 수 없답니다.

그렇다면 어떤 세 선분이 삼각형을 만들 수 있을까요? 다음 조건을 만족하면 삼각형을 만들 수 있습니다.

가장 긴 선분의 길이가 나머지 두 변의 길이의 합보다 작아야만 삼각형이 만들어진다.

진희가 사용한 3개의 종이테이프 중 가장 길이가 긴 것은 얼마죠?

__6cm입니다.

그럼 나머지 두 변의 길이의 합은 얼마죠?

__7cm입니다.

6은 7보다 작지요? 그러므로 진희는 3개의 종이테이프로 삼각형을 만들 수 있습니다. 이번에는 준수의 경우를 보죠.

준수가 사용한 3개의 종이테이프 중 가장 길이가 긴 것은 얼마죠?

__6cm입니다.

그럼 나머지 두 변의 길이의 합은 얼마죠?

__5cm입니다.

6은 5보다 크지요? 그러므로 준수는 3개의 종이테이프로 삼각형을 만들 수 없습니다.

수학자의 비밀노트

삼각형의 결정조건

삼각형이 하나로 결정되는 조건은 다음과 같이 3가지가 있다.

1. 세 변의 길이를 알 때
2. 두 변의 길이와 그 끼인각의 크기를 알 때
3. 한 변과 그 양 끝 각의 크기를 알 때

Tip) 세 변의 길이를 알 때에도 작은 두 변의 길이의 합이 가장 긴 변의 길이보다 작으면 삼각형이 결정되지 않는다. 또한 세 각의 크기를 아는 경우에는 삼각형이 하나로 결정되지 않는다.

만화로 본문 읽기

이 삼각형 신전에 들어가려면 삼각형에 관한 5가지 진실을 말해야 하오.
그냥 들여보내 주지. 신전 안에 어떤 비밀이 있는지 궁금하단 말이에요.
침착해요. 우리 힘을 모아 삼각형에 관한 진실을 생각해 보도록 해요.

음, 이렇게 세 점을 연결하면 삼각형이 돼요. 그러니까 세 점만 있으면 삼각형을 만들 수 있어요.
슥 슥 슥
슥 슥
항상 그렇지는 않아요. 이렇게 세 점이 일직선에 있으면 삼각형이 되지 않지요.

삼각형은 3개의 선분으로 이루어지며 각 선분을 변, 변이 만나는 점을 꼭짓점이라고 합니다. 각 꼭짓점을 A, B, C라고 했을 때 이것은 삼각형 ABC라고 부르지요.
삼각형에 관한 두 번째 진실이네요.

삼각형 ABC의 꼭짓점 A에서 변 BC로 내린 수선 AD를 삼각형의 높이라고 부르고, 이때 변 BC는 밑변이 되죠. 그렇다면 점 D는 뭐라고 하는지 아나요?
A
B
D
C
네, 점 D는 수선을 내렸을 때 밑변과 만나는 점으로 수선의 발이라고 해요.

그럼 이번엔 변의 길이에 따라 삼각형을 나눠 봐요. 세 변의 길이가 같은 삼각형은 정삼각형, 두 변의 길이가 같은 삼각형은 이등변삼각형이죠. 그러면 세 변의 길이가 모두 다른 삼각형은 무엇인지 아나요?
네, 세 변의 길이가 모두 다른 삼각형은 부등변삼각형이에요.

그래요. 그럼 마지막 진실은 철이 학생이 말해 보도록 해요.
5가지 진실을 모두 말했습니다. 들어가시죠.
세 선분으로 삼각형을 만들 때, 세 변 중 가장 긴 변의 길이가 나머지 두 변의 길이의 합보다 작아야만 삼각형이 만들어져요.

두 번째 수업 2

삼각형과 각도

삼각형은 3개의 내각을 가지고 있습니다.
삼각형과 관련된 각도 이야기를 해 봅시다.

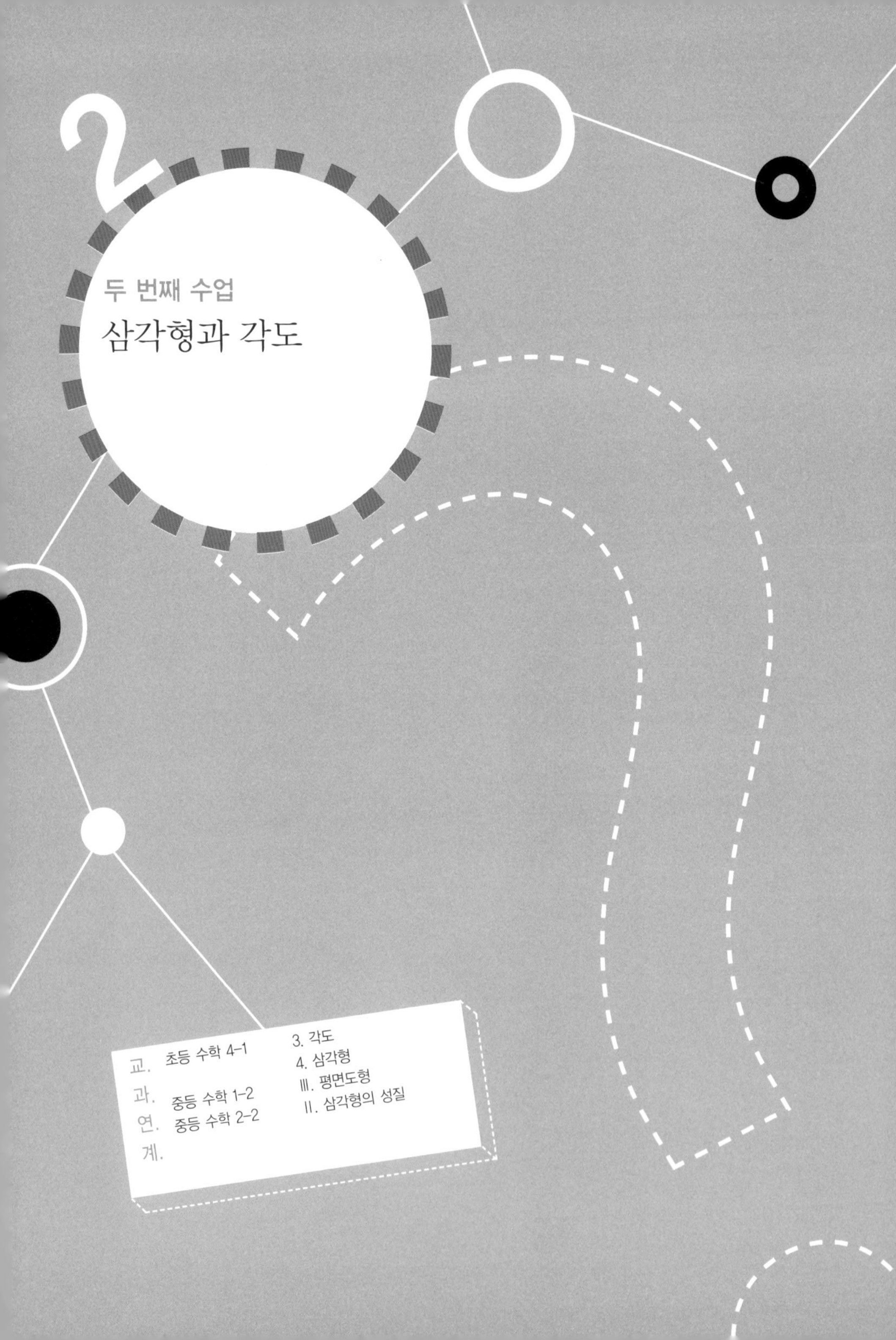
2
두 번째 수업
삼각형과 각도
교.
과.
연.
계.
초등 수학 4-1
중등 수학 1-2
중등 수학 2-2
3. 각도
4. 삼각형
Ⅲ. 평면도형
Ⅱ. 삼각형의 성질

피타고라스는 종이테이프 2개와 압정을 가지고 들어와 두 번째 수업을 시작했다.

오늘은 각도에 대해 알아보겠습니다. 각도는 2개의 선분으로 만들지요.

피타고라스는 종이테이프 2개의 한쪽을 압정으로 연결했다.

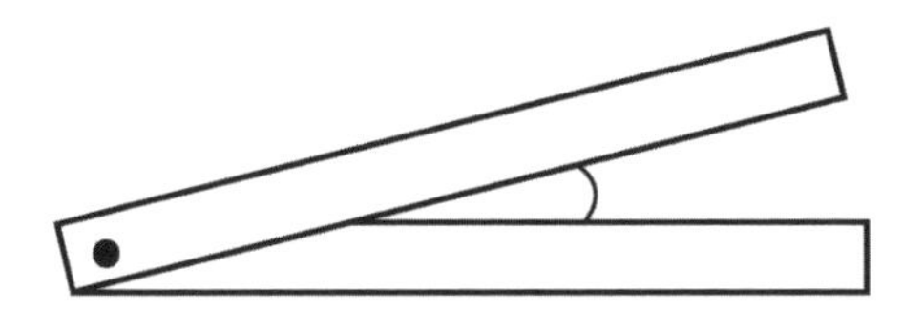

종이테이프 2개가 서로 가까이 있지요? 이 각은 90°보다 작습니다. 이 각을 예각이라고 부릅니다.

피타고라스는 종이테이프 1개를 수직이 되게 돌렸다.

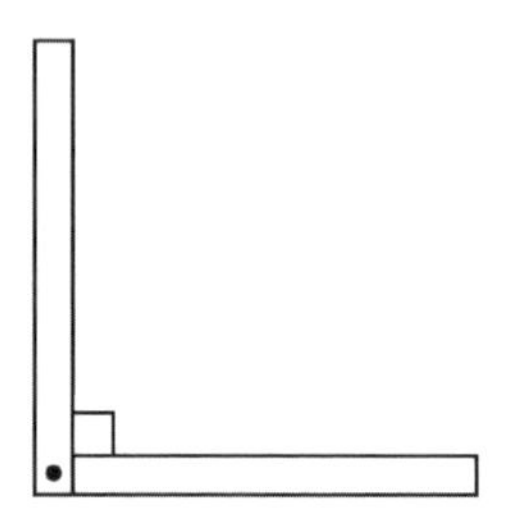

종이테이프 2개가 서로 수직을 이루지요? 이 각은 90°입니다. 90°를 다른 말로 직각이라고도 부릅니다.

피타고라스는 종이테이프 1개를 좀 더 돌렸다.

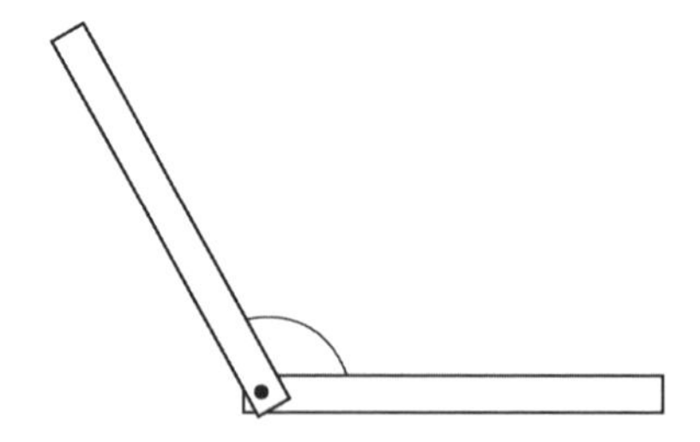

두 종이테이프가 많이 벌어졌군요. 이때 종이테이프 2개가 이루는 각은 90°보다 크지만 180°보다는 작습니다. 이런 각을 둔각이라고 부르지요.

삼각형의 종류

삼각형에서 두 변이 만드는 각은 3개입니다. 이렇게 삼각형의 안쪽에 생기는 각을 내각이라고 부르지요. 이 삼각형에는 ∠A, ∠B, ∠C의 3개의 내각이 있지요.

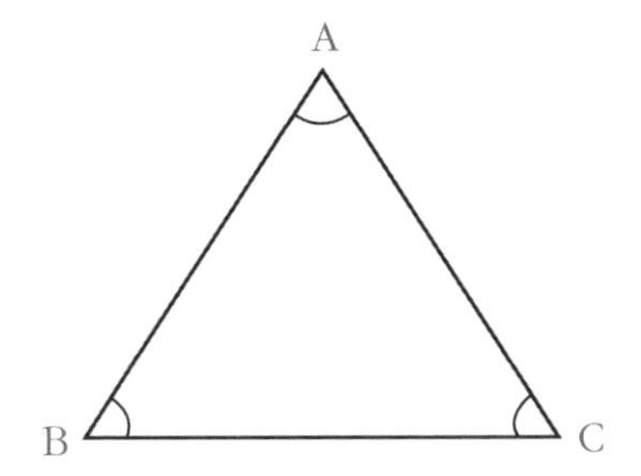

이제 삼각형의 종류에 대해 알아보겠습니다.

다음 페이지의 삼각형은 3개의 내각이 모두 90°보다 작지요? 즉, 이 삼각형은 세 내각이 모두 예각입니다. 이런 삼각형을 예각삼각형이라고 부릅니다.

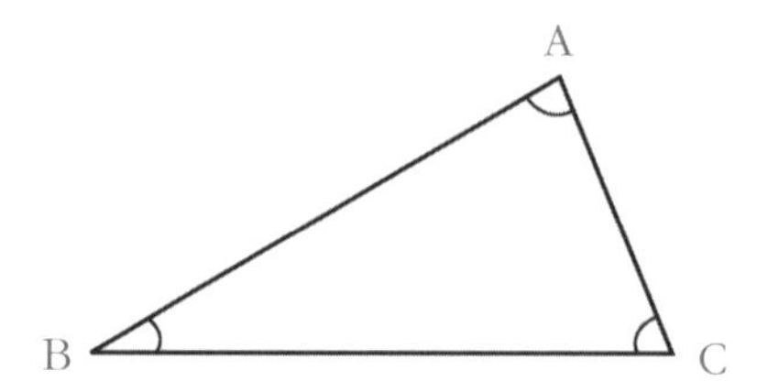

다음 삼각형은 ∠C가 90°(직각)이군요. 이렇게 한 내각이 직각인 삼각형을 직각삼각형이라고 부릅니다.

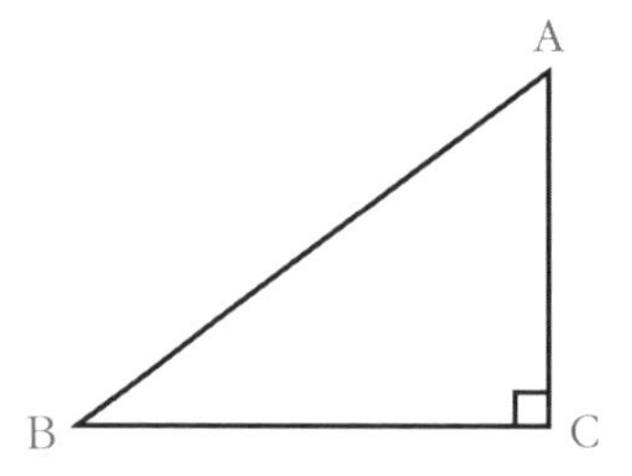

다음 삼각형은 ∠C가 90°보다 크지요? 이렇게 한 내각이 둔각인 삼각형을 둔각삼각형이라고 부릅니다.

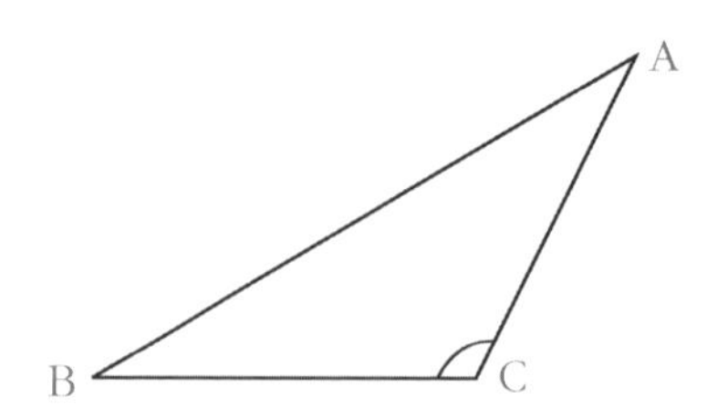

삼각형의 내각의 합

삼각형은 3개의 내각을 가집니다. 그럼 세 내각의 합은 얼마일까요?

피타고라스는 삼각형의 세 각에 색을 칠했다. 그리고 세 각을 잘라내어 한곳에 모아 붙였다.

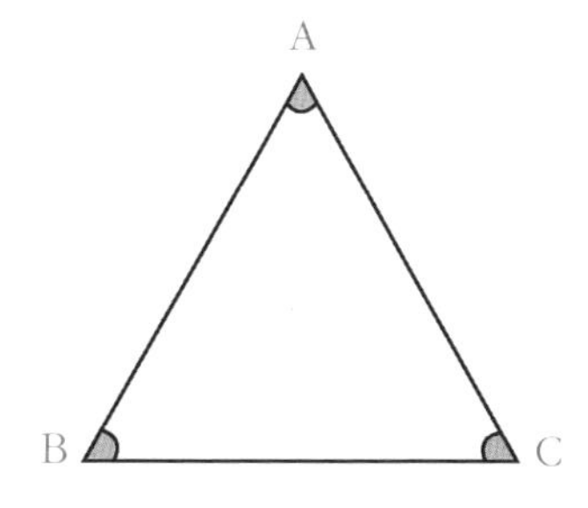

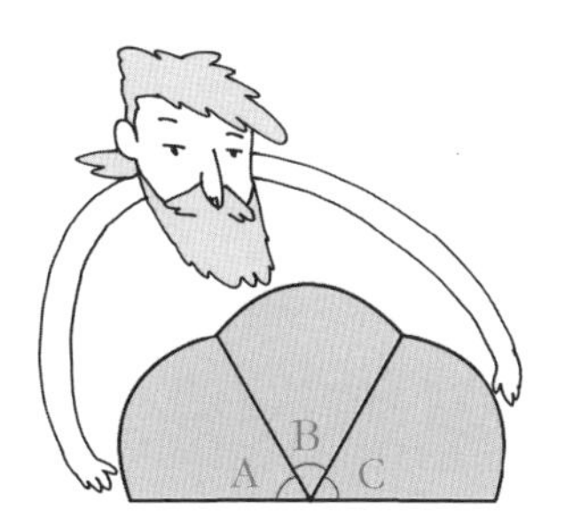

일직선이 되었지요? 일직선은 직각의 2배입니다. 그러므로 90°의 2배인 180°가 되지요. 그래서 삼각형의 내각의 합은 항상 180°라는 것을 확인할 수 있습니다.

__와, 이렇게 간단하게 확인할 수 있군요.

__맞아요. 정말 신기해요, 선생님.

(삼각형의 내각의 합) = 180°

삼각형의 외각

이번에는 외각에 대해 알아보겠습니다. 다음 그림을 보세요.

점 D는 변 BC의 연장선 위에 있는 점입니다. 이때 ∠ACD를 ∠C의 외각이라고 부릅니다. 이때 외각은 다음 성질을 만족합니다.

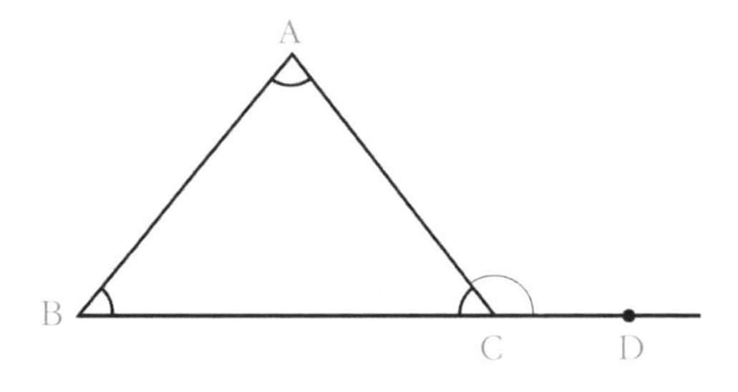

삼각형의 한 외각의 크기는 그와 이웃하지 않는 두 내각의 크기의 합과 같다.

즉, 이 삼각형에서 ∠C의 외각의 크기는 ∠A+∠B와 같아지지요.

이제 외각의 성질을 이용하는 문제를 하나 다루어 보겠습니다. 오른쪽 페이지의 삼각형을 보죠.

그림에서 같은 모양은 각각 같은 각도를 나타냅니다. 즉,

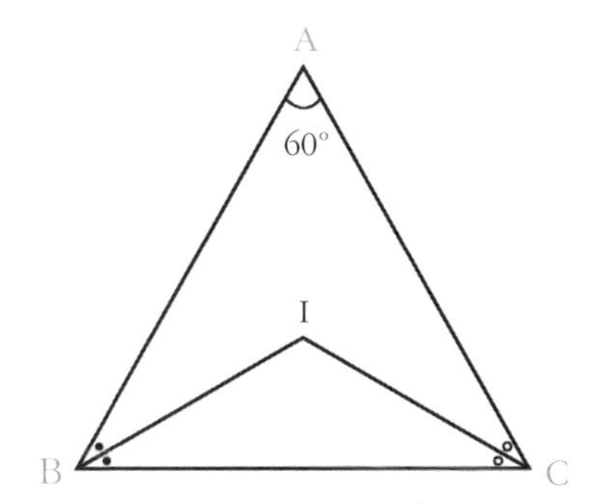

점 I는 ∠B의 이등분선과 ∠C의 이등분선의 교점입니다. 이때 ∠BIC를 구해 봅시다.

삼각형 ABC에서 ∠A는 60°이므로 ∠B+∠C는 120°가 됩니다. 삼각형의 내각의 합이 180°이기 때문이죠. 우리가 구하려는 ∠BIC를 □라고 합시다. 그럼 삼각형 IBC에서

●+○+□=180° …… (1)

가 됩니다. ∠B=●+●이고, ∠C=○+○이며 ∠B+∠C는 120°이므로 ●+●+○+○=120°입니다. 그러므로

●+○=60° …… (2)

가 되지요. (2)를 (1)에 넣어 봅시다.

$60° + \square = 180°$

그러므로 $\square = 120°$가 됩니다. 즉, 우리가 구하는 ∠BIC는 120°이지요.

이등변삼각형의 성질

이등변삼각형은 두 변의 길이가 같은 삼각형이라고 배웠습니다. 이등변삼각형의 다른 성질에 대해 알아봅시다.

피타고라스는 이등변삼각형 꼭지각 A의 이등분선을 밑변까지 그었다. 그리고 준수에게 이등분선을 중심으로 반으로 접도록 했다.

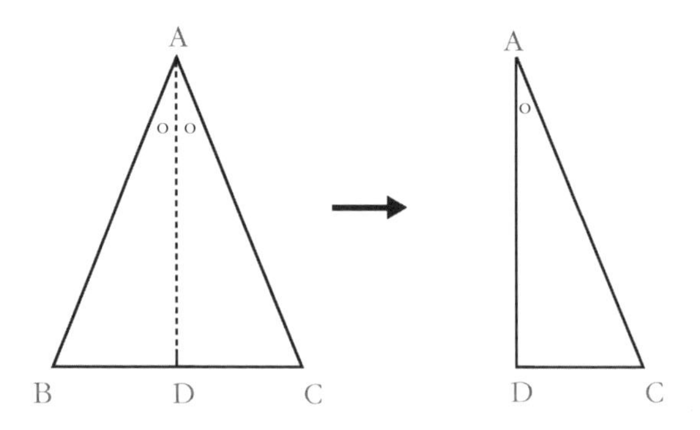

완전히 포개어졌지요? 즉, 다음과 같은 성질이 있지요.

이등변삼각형의 두 밑각의 크기는 같다.

피타고라스가 각도기로 변 AD와 변 CD가 이루는 각을 재었더니 90°였다.

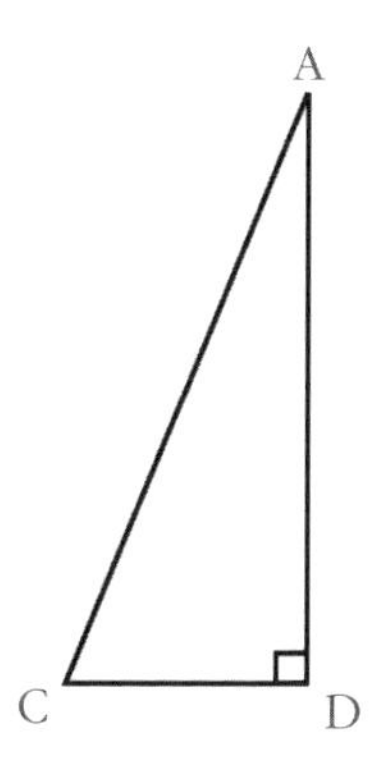

이등분선의 왼쪽과 오른쪽의 삼각형은 모두 직각삼각형이고, 두 삼각형은 완전히 같습니다. 이렇게 완전히 같은 삼각형을 합동이라고 하지요.

두 삼각형이 완전히 같으므로 변 BD의 길이와 변 CD의 길이는 같습니다. 그러므로 다음과 같은 성질이 있지요.

이등변삼각형에서 꼭지각의 이등분선은 밑변을 수직이등분한다.

만화로 본문 읽기

∠BIC = ? 단, 같은 모양의 각은 각각 같은 각도를 나타냄
A
60°
I
B
C
선생님, 여길 보세요.
흠, 이건 삼각형의 각을 이용한 문제군요.

삼각형의 각이요? 각에도 여러 가지 종류가 있나요?
그래요. 두 선분이 각을 이룰 때 각의 크기가 90°보다 작으면 예각, 90°이면 직각, 90°보다 크고 180°보다 작으면 둔각이라고 하지요.
예각
직각
둔각

삼각형 안쪽에 생기는 각을 내각이라 하는데, 세 내각이 모두 90°보다 작으면 예각삼각형, 한 내각이 90°이면 직각삼각형, 한 내각이 90°보다 크면 둔각삼각형이라고 해요. 그렇다면 삼각형의 세 내각의 합은 얼마일까요?
글쎄요.
직각 삼각형
예각 삼각형
둔각 삼각형

삼각형의 종류와 관계없이 삼각형의 세 내각의 합은 180°예요. 삼각형의 세 각을 한곳으로 모으면 언제나 일직선이 되는 것으로 확인할 수 있지요.
와, 정말 신기해요.

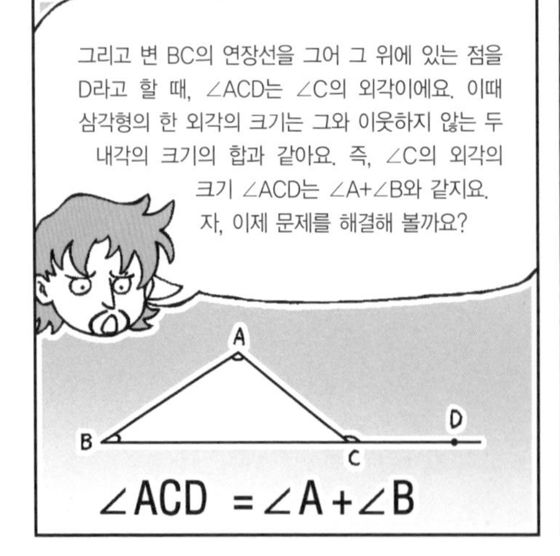
그리고 변 BC의 연장선을 그어 그 위에 있는 점을 D라고 할 때, ∠ACD는 ∠C의 외각이에요. 이때 삼각형의 한 외각의 크기는 그와 이웃하지 않는 두 내각의 크기의 합과 같아요. 즉, ∠C의 외각의 크기 ∠ACD는 ∠A+∠B와 같지요. 자, 이제 문제를 해결해 볼까요?
A
B
C
D
∠ACD = ∠A + ∠B

우리가 구하려는 ∠BIC를 □라고 합시다. 삼각형의 내각의 합이 180°이고, ∠A는 60°이므로 ∠B+∠C=120°가 되겠죠? 또 삼각형 IBC에서 ●+○+□=180°이지요. 그런데 ∠B=●+●, ∠C=○+○이고 ∠B+∠C=120°이므로 이렇게 해결할 수 있지요.
∠B + ∠C = 120°
● + ● + ○ + ○ = 120°
2 × (● + ○) = 120°
● + ○ = 60° 이고
● + ○ + □ = 180°이니까
60° + □ = 180°
□ = 120°
와, ∠BIC = 120°네요. 통과!

세 번째 수업

3

삼각형의 닮음과 관련된 성질

삼각형에서 2개의 각이 같으면 두 삼각형은 닮음입니다.
삼각형의 닮음과 관련된 성질을 알아봅시다.

3

세 번째 수업

삼각형의 닮음과 관련된 성질

교과연계.

초등 수학 6-1	6. 비와 비율
	7. 비례식
중등 수학 2-2	Ⅳ. 도형의 닮음

피타고라스는 모양은 같지만 크기는 다른 두 삼각형을 그리며 세 번째 수업을 시작했다.

오늘은 삼각형의 닮음과 관련된 수업을 하겠습니다.

피타고라스는 칠판에 삼각형을 2개 그렸다.

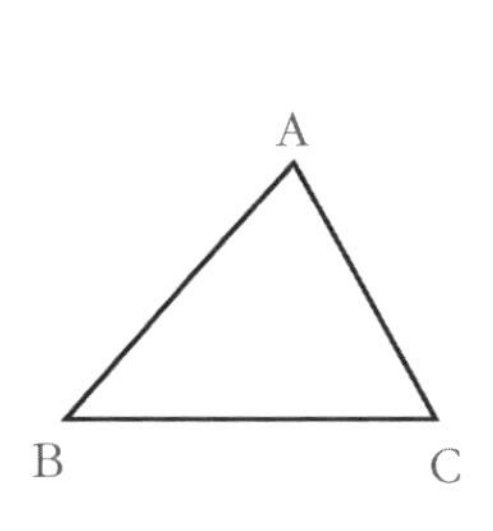

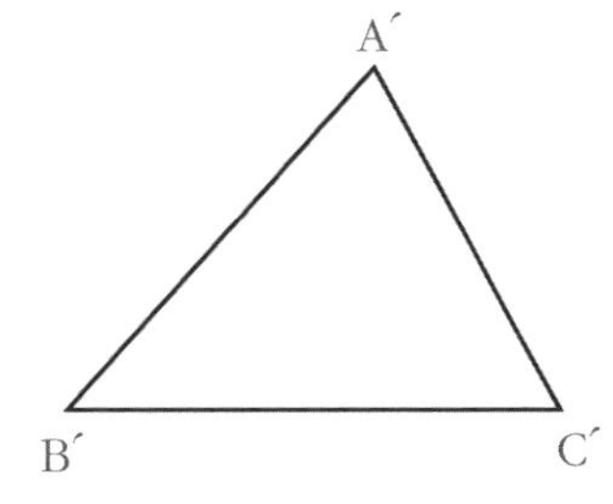

두 삼각형은 닮았죠? 이렇게 크기는 다르지만 모양이 같은 두 삼각형은 닮음이라고 말합니다.

이때 닮은 두 삼각형은 대응각의 크기와 대응변의 길이의 비가 같습니다.

즉, 다음과 같이 쓸 수 있죠.

$\angle A = \angle A'$

$\angle B = \angle B'$

$\angle C = \angle C'$

$\overline{AB} : \overline{A'B'} = \overline{BC} : \overline{B'C'} = \overline{AC} : \overline{A'C'}$

수학자의 비밀노트

삼각형의 닮음조건

두 삼각형이 다음과 같은 조건을 만족할 때, 두 삼각형은 닮음이라고 한다.

1. 세 쌍의 대응변의 길이의 비가 같을 때(SSS 닮음)
2. 두 쌍의 대응변의 길이의 비가 같고, 그 끼인각의 크기가 같을 때(SAS 닮음)
3. 두 쌍의 대응각의 크기가 같을 때(AA 닮음)

이제 닮은 삼각형의 성질을 이용한 재미있는 정리를 하나 소개하겠습니다.

다음 그림을 보죠.

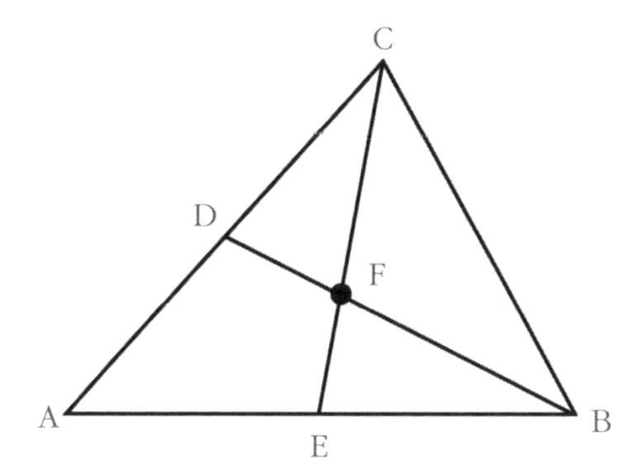

이때 점 F를 어떻게 택해도 다음 등식이 항상 성립합니다.

$$\frac{\overline{AE}}{\overline{EB}} \times \frac{\overline{BF}}{\overline{FD}} \times \frac{\overline{CD}}{\overline{AC}} = 1$$

이 정리를 메넬라우스의 정리라고 부릅니다. 어떻게 이런 등식이 성립할까요?

__증명해 주세요.

__맞아요, 재미있을 것 같아요.

그럴까요? 점 D를 지나 변 CE와 평행한 직선을 그어 변 AB와의 교점을 G라고 합시다.

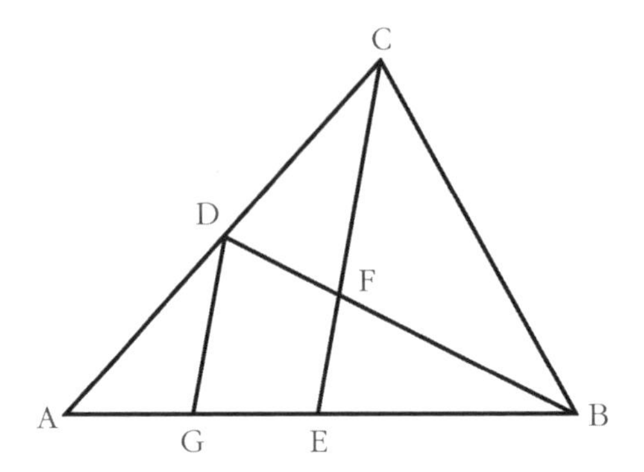

여기서 다음 삼각형을 봅시다.

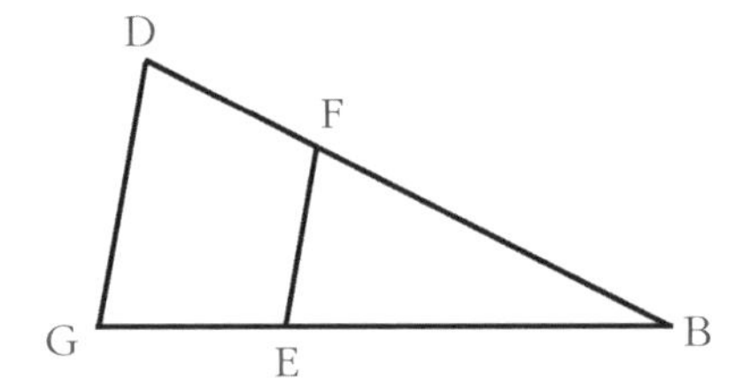

이때 삼각형 DGB와 삼각형 FEB는 닮음입니다. 두 삼각형이 닮음일 때, 대응변의 길이의 비가 같다고 했지요? 그러므로 다음과 같지요.

$$\frac{\overline{BF}}{\overline{FD}} = \frac{\overline{BE}}{\overline{EG}} \quad \cdots\cdots (1)$$

이번에는 다음 삼각형을 보죠.

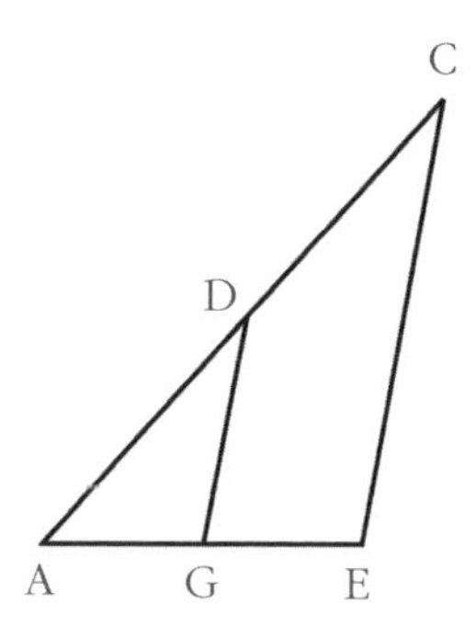

이때 삼각형 DAG와 삼각형 CAE는 닮음입니다. 그러므로 대응변의 길이의 비가 같지요.

$$\frac{\overline{CD}}{\overline{AC}} = \frac{\overline{EG}}{\overline{EA}} \quad \cdots\cdots (2)$$

(1), (2)를 이용하면 다음과 같아지지요.

$$\frac{\overline{AE}}{\overline{EB}} \times \frac{\overline{BF}}{\overline{FD}} \times \frac{\overline{CD}}{\overline{AC}} = \frac{\overline{AE}}{\overline{EB}} \times \frac{\overline{BE}}{\overline{EG}} \times \frac{\overline{EG}}{\overline{EA}} = 1$$

삼각형의 무게중심

이제 삼각형의 닮음을 이용하여 무게중심을 구해 보겠습니

다. 그러기 위해서는 먼저 중선에 대해 알아야 합니다.

다음 그림을 보죠.

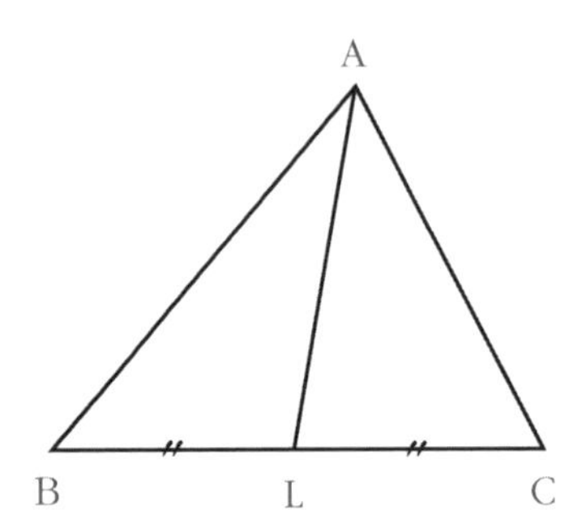

여기서 점 L은 밑변 BC의 중점입니다. 중점이란 길이가 같은 두 선분으로 변을 나누는 점을 말하죠. 이때 점 A와 그 대변 BC의 중점 L을 잇는 선분을 중선이라고 부릅니다. 즉, 선분 AL이 중선이지요.

삼각형에는 3개의 꼭짓점이 있으므로 중선은 모두 3개가

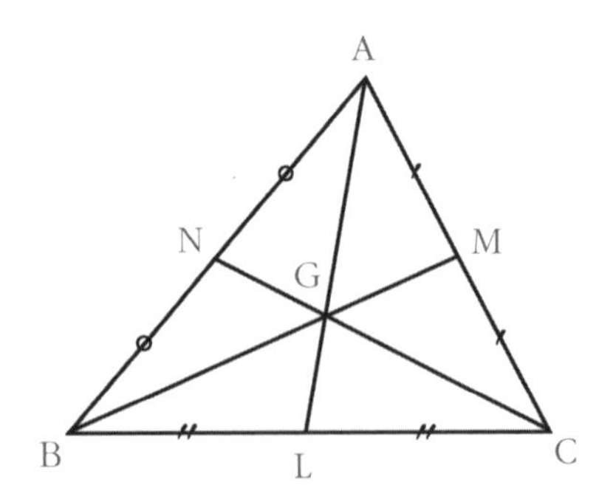

생깁니다. 이때 3개의 중선은 한 점 G에서 만나는데, 이 점을 삼각형의 무게중심이라고 부릅니다.

그런데 왜 점 G를 무게중심이라고 부를까요?

피타고라스는 두꺼운 종이에 삼각형을 그리고 무게중심에 점을 찍은 후 그 점에 연필 끝을 대어 받쳤다. 그러자 삼각형이 수평을 유지했다.

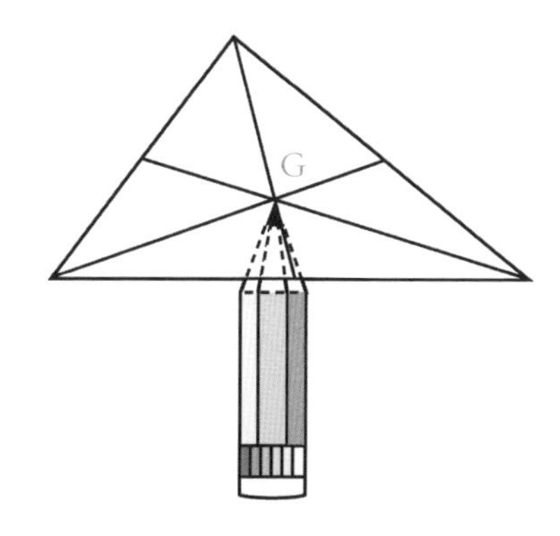

이렇게 무게중심이란 그곳에 연필 끝을 대고 들면 물체가 수평을 유지하는 점을 말합니다.

이때 무게중심은 중선을 2:1로 나누는 점이 됩니다. 왜 그런지는 삼각형의 닮음을 이용하여 간단하게 밝힐 수 있습니다.

다음 페이지와 같이 두 중점 L, M을 이은 선분을 그립시다.

이때 선분 LM은 변 AB와 평행이 됩니다. 그 이유는 간단합니다. 삼각형 ABC와 삼각형 MLC가 닮음이기 때문이지요.

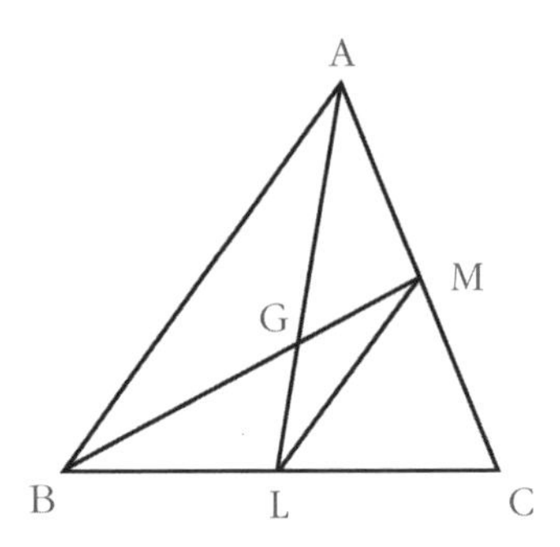

이 두 삼각형에서 ∠C는 공통으로 같고 M이 변 AC의 중점이므로 $\overline{MC}:\overline{AC}=1:2$가 되고, 마찬가지로 점 L이 변 BC의 중점이므로 $\overline{LC}:\overline{BC}=1:2$가 됩니다. 두 삼각형에서 두 변의 길이의 비가 같고 그 끼인각의 크기가 같으므로 두 삼각형은 닮음(SAS닮음)입니다.

이제 본론으로 들어갑시다. 위의 그림에서 삼각형 ABG와 삼각형 MLG는 닮음입니다. 변 AB와 변 LM이 평행이므로 ∠ABG와 ∠LMG는 엇각으로 같고, ∠AGB와 ∠LGM은 맞꼭지각으로 같기 때문이지요. 이렇게 두 삼각형에서 두 각이 같으면 두 삼각형은 닮음이 됩니다. $\overline{AB}:\overline{ML}=2:1$이므로 $\overline{AG}:\overline{LG}=2:1$, $\overline{BG}:\overline{MG}=2:1$이 되어 무게중심이 중선을 2:1로 나누는 점이라는 것을 알 수 있습니다.

만화로 본문 읽기

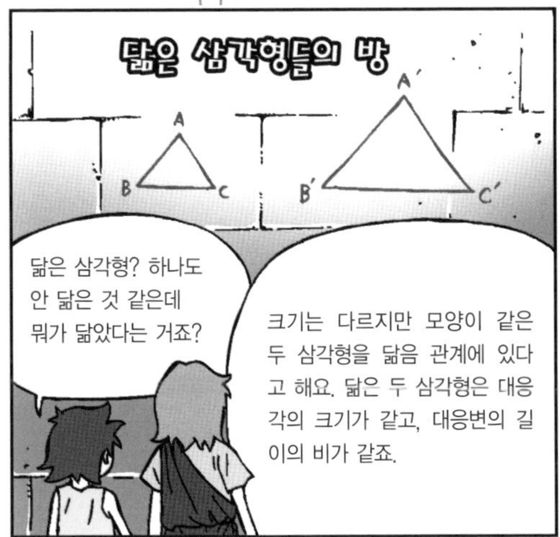

닮은 삼각형들의 방
A
B
C
A′
B′
C′
닮은 삼각형? 하나도 안 닮은 것 같은데 뭐가 닮았다는 거죠?
크기는 다르지만 모양이 같은 두 삼각형을 닮음 관계에 있다고 해요. 닮은 두 삼각형은 대응각의 크기가 같고, 대응변의 길이의 비가 같죠.

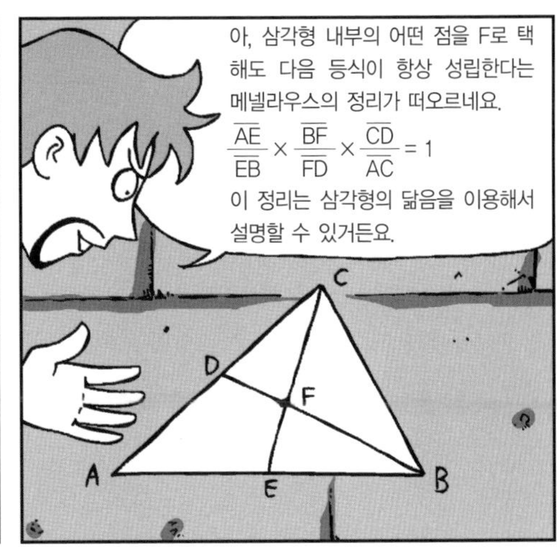

아, 삼각형 내부의 어떤 점을 F로 택해도 다음 등식이 항상 성립한다는 메넬라우스의 정리가 떠오르네요.
$\frac{\overline{AE}}{\overline{EB}} \times \frac{\overline{BF}}{\overline{FD}} \times \frac{\overline{CD}}{\overline{AC}} = 1$
이 정리는 삼각형의 닮음을 이용해서 설명할 수 있거든요.
C
D
F
A
E
B

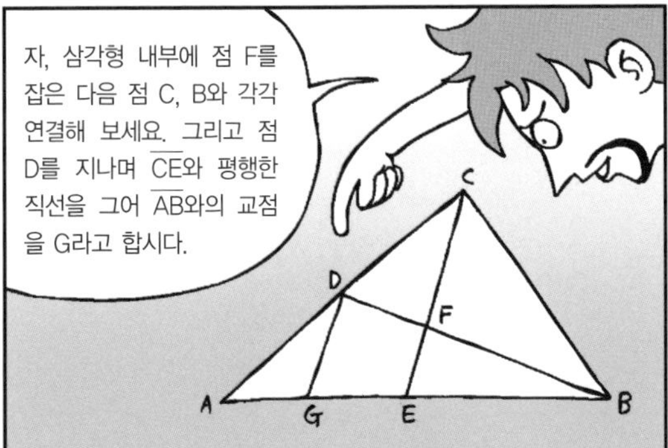

자, 삼각형 내부에 점 F를 잡은 다음 점 C, B와 각각 연결해 보세요. 그리고 점 D를 지나며 $\overline{CE}$와 평행한 직선을 그어 $\overline{AB}$와의 교점을 G라고 합시다.
C
D
F
A
G
E
B

여기서 삼각형 DGB만을 떼어내 보면, 삼각형 DGB와 삼각형 FEB는 닮음입니다. 그러므로 대응변의 길이의 비가 같지요.
D
F
G
E
B
$\frac{\overline{BF}}{\overline{FD}} = \frac{\overline{BE}}{\overline{EG}}$

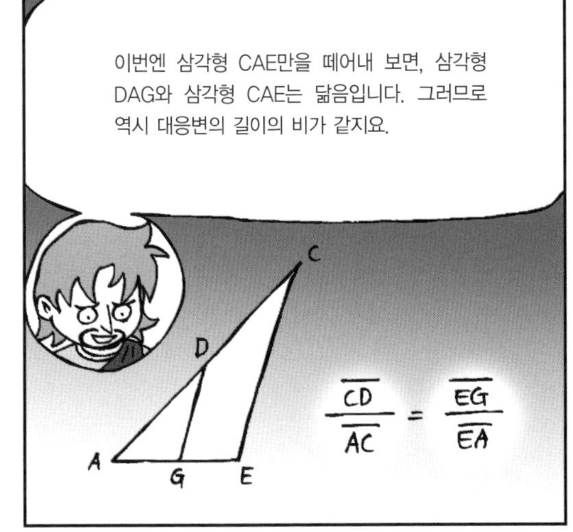

이번엔 삼각형 CAE만을 떼어내 보면, 삼각형 DAG와 삼각형 CAE는 닮음입니다. 그러므로 역시 대응변의 길이의 비가 같지요.
C
D
A
G
E
$\frac{\overline{CD}}{\overline{AC}} = \frac{\overline{EG}}{\overline{EA}}$

따라서 앞의 두 식을 이용하면 다음과 같은 결과를 얻을 수 있습니다.
$\frac{\overline{AE}}{\overline{EB}} \times \frac{\overline{BF}}{\overline{FD}} \times \frac{\overline{CD}}{\overline{AC}}$
$= \frac{\overline{AE}}{\overline{EB}} \times \frac{\overline{BE}}{\overline{EG}} \times \frac{\overline{EG}}{\overline{EA}}$
$= 1$
역시, 선생님!

네 번째 수업

4

삼각형의 넓이

삼각형은 면을 가지고 있으므로 넓이를 가집니다.
삼각형의 넓이 구하는 방법을 알아봅시다.

4

네 번째 수업

삼각형의 넓이

교과연계.

초등 수학 4-2	5. 평면도형의 둘레와 넓이
초등 수학 5-1	5. 평면도형의 둘레와 넓이
중등 수학 3-2	Ⅳ. 삼각비

피타고라스는 직사각형을 그리며 네 번째 수업을 시작했다.

오늘은 삼각형의 넓이에 대해 알아보겠습니다. 이를 위해 먼저 직사각형의 넓이 구하는 방법을 알아야 합니다. 다음 그림과 같이 가로의 길이가 a이고, 세로의 길이가 b인 직사각형을 보죠.

주어진 직사각형의 넓이는 $a \times b$가 됩니다. 이제 이것을 이용하면 직각삼각형의 넓이를 구할 수 있습니다.

다음 그림과 같이 밑변의 길이가 a이고 높이가 b인 직각삼각형을 봅시다.

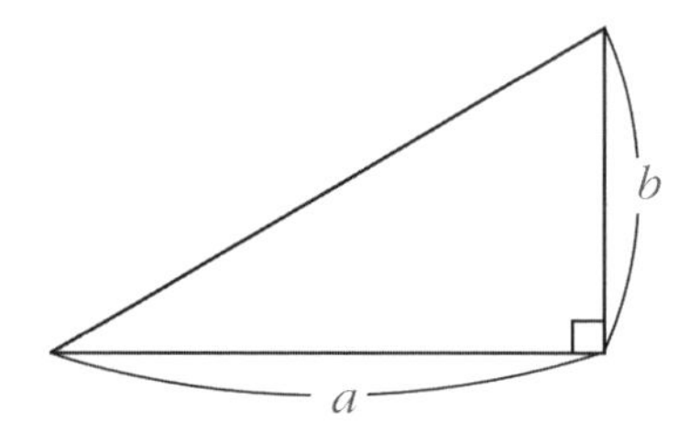

이제 이 삼각형의 넓이를 구해 보겠습니다.

다음 그림을 보죠.

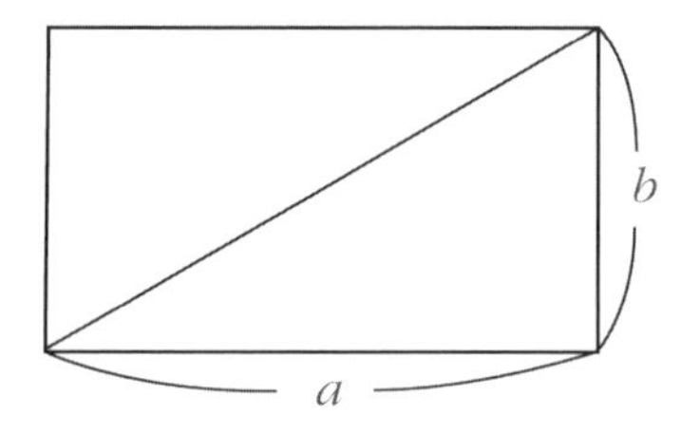

위쪽의 직각삼각형과 아래쪽의 직각삼각형은 서로 합동입니다. 그러므로 두 삼각형의 넓이가 같지요. 이 두 삼각형의 넓이의 합은 가로의 길이가 a이고 세로의 길이가 b인 직사각형의 넓이와 같으므로

$2 \times$ (삼각형의 넓이) = (직사각형의 넓이)

가 되고, 직사각형의 넓이가 $a \times b$이므로 삼각형의 넓이는

$$\frac{1}{2} \times a \times b$$

가 됩니다. 즉 다음과 같지요.

삼각형의 넓이는 밑변의 길이와 높이의 곱을 2로 나눈 값이다.

직각삼각형이 아닌 경우는 어떻게 할까요? 다음 삼각형의 넓이를 구해 봅시다.

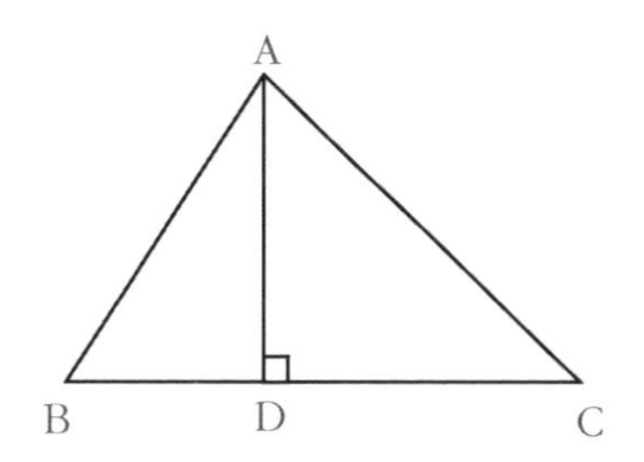

이때 점 D는 점 A에서 밑변에 그은 수선의 발입니다. 그러

므로 변 AD의 길이는 삼각형의 높이입니다. 이 삼각형의 넓이는 다음 그림과 같이 두 직각삼각형의 넓이의 합이 됩니다.

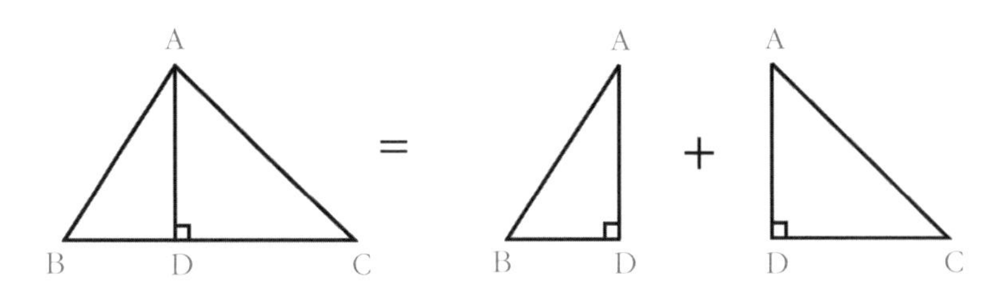

두 직각삼각형의 넓이는 다음과 같습니다.

(삼각형 ABD의 넓이) $= \frac{1}{2} \times \overline{AD} \times \overline{BD}$

(삼각형 ADC의 넓이) $= \frac{1}{2} \times \overline{AD} \times \overline{DC}$

따라서 삼각형 ABC의 넓이는

$$\frac{1}{2} \times \overline{AD} \times \overline{BD} + \frac{1}{2} \times \overline{AD} \times \overline{DC}$$

가 되지요. 이 식에서 공통인 항을 묶어 내면

$$\frac{1}{2} \times \overline{AD} \times (\overline{BD} + \overline{DC})$$

가 됩니다. 여기서 $\overline{BD}+\overline{DC}=\overline{BC}$이므로 삼각형 ABC의 넓이는

$$\frac{1}{2} \times \overline{AD} \times \overline{BC}$$

가 됩니다. 그러므로 삼각형 ABC의 넓이 역시 밑변과 높이의 곱을 2로 나눈 값이 됩니다.

피타고라스는 삼각형을 2개 그렸다.

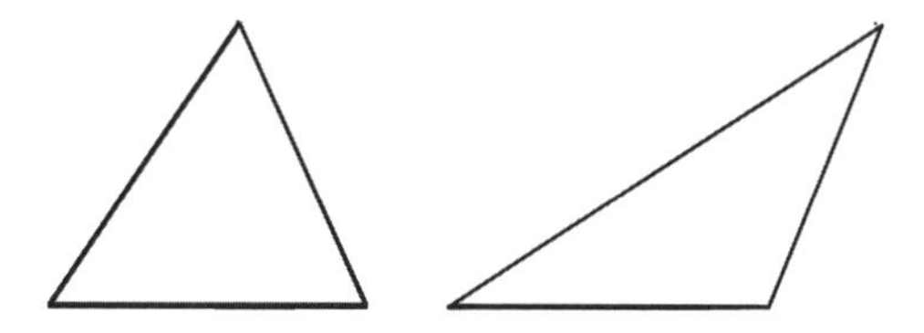

이 두 삼각형은 다르게 생겼지만 넓이가 같습니다. 두 삼각형의 밑변의 길이와 높이가 같기 때문이지요.

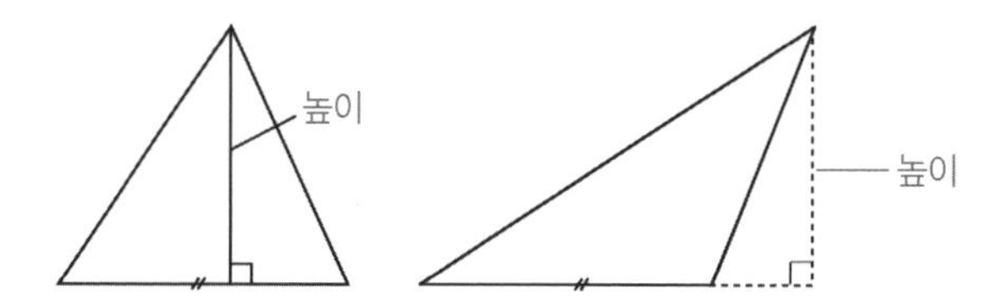

세 변의 길이가 주어진 삼각형의 넓이

이번에는 삼각형의 세 변의 길이를 알 때 넓이를 구하는 방법을 소개하겠습니다.

예를 들어 세 변의 길이가 3, 4, 5인 삼각형을 생각합시다.

세 변의 길이를 모두 더하면 얼마죠?

__12입니다.

이 수를 2로 나누면 얼마죠?

__6입니다.

이제 6을 잘 기억해 두세요. 6에서 각 변의 길이를 뺀 수를 모두 써 보면 다음과 같습니다.

$6-3=3$ ······ (1)

$6-4=2$ ······ (2)

$6-5=1$ ······ (3)

이제 (1), (2), (3)의 결과를 모두 곱하고 그것에 6을 곱하면 얼마죠?

__36입니다.

이 결과는 바로 삼각형의 넓이의 제곱이 됩니다. $36=6^2$이지요? 그러므로 이 삼각형의 넓이는 6입니다. 이 공식은 헤론(Heron, ?~?)이라는 수학자가 처음 발견했지요. 그래서 헤론의 공식이라고 부릅니다.

과연 이 삼각형의 넓이가 6인지를 확인해 봅시다.

피타고라스는 학생들에게 3cm, 4cm, 5cm 길이의 종이테이프를 압정으로 연결하여 삼각형을 만들어 보게 했다.

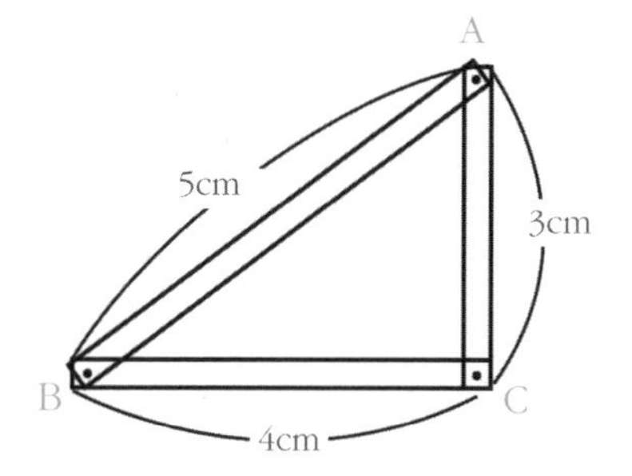

직각삼각형이 되는군요. 밑변의 길이가 4이고 높이가 3이므로, 이 삼각형의 넓이는

$$\frac{1}{2} \times 4 \times 3 = 6$$

이 됩니다.

그러므로 헤론의 공식의 결과와 일치합니다.

만화로 본문 읽기

가로가 a, 세로가 b인 합동인 직각삼각형 2개를 붙이면 직사각형이 되요. 따라서 직각삼각형의 넓이는 직사각형 넓이의 $\frac{1}{2}$이므로 (직각삼각형의 넓이) = $\frac{1}{2} \times a \times b$입니다. 즉, 삼각형의 넓이는 밑변의 길이와 높이의 곱을 2로 나눈 값이지요.

이것은 헤론이라는 수학자가 처음 발견한 헤론의 공식이에요. 계산해 보면 그렇게 복잡하지 않답니다. 주어진 문제를 직접 해 보겠어요?

① $3+4+5=12$

$\frac{12}{2}=6$

② $6-3=3$

$6-4=2$

$6-5=1$

③ $(3 \times 2 \times 1=36$

④ $(\text{삼각형의 넓이})^2=36$

(삼각형의 넓이)$=6$

다섯 번째 수업

5

피타고라스의 정리

직각삼각형 세 변의 길이 사이에는 어떤 관계가 있을까요?
피타고라스의 정리에 대해 알아봅시다.

5

다섯 번째 수업

피타고라스의 정리

교.과.연.계.

중등 수학 1-1	Ⅰ. 집합과 자연수
중등 수학 3-1	Ⅰ. 제곱근과 실수
중등 수학 3-2	Ⅱ. 피타고라스의 정리

피타고라스는 특별한 정리를
소개할 생각에 신이 나서
다섯 번째 수업을 시작했다.

직각삼각형은 아주 특별한 삼각형입니다. 그래서 여러 가지 재미있는 성질들이 있지요.

오늘은 직각삼각형 세 변의 길이 사이에 성립하는 재미있는 성질에 대해 알아보겠습니다.

다음과 같은 직각삼각형을 보죠.

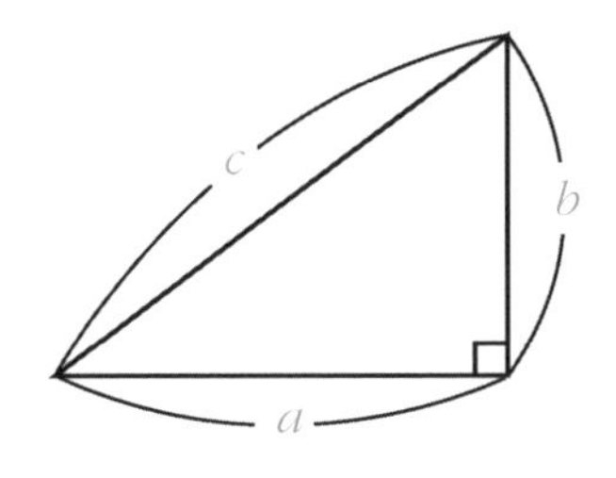

직각삼각형은 서로 수직인 두 선분과 비스듬한 변으로 이루어져 있지요. 비스듬한 변을 직각삼각형의 '빗변'이라고 부릅니다. 이때 세 변의 길이 사이에는 다음과 같은 피타고라스의 정리가 성립합니다.

직각삼각형에서 빗변의 길이의 제곱은 다른 두 변의 길이의 제곱의 합과 같다.

이것을 문자로 나타내면 다음과 같습니다.

$c^2 = a^2 + b^2$ (c는 빗변)

여기서 a^2은 '에이 제곱'이라고 읽고, a를 2번 곱하는 것을 말합니다. 즉, $a^2 = a \times a$이지요. 예를 들어, $3^2 = 3 \times 3$이 됩니다.

피타고라스의 수

피타고라스의 정리는 세 변의 길이가 $c^2 = a^2 + b^2$이라는 관계식을 만족할 때만 성립합니다. 물론 이때 삼각형의 모양은 직각삼각형이 되지요. 어떤 수들이 이 관계를 만족하는지 찾아봅시다.

3^2은 얼마죠?

__9입니다.

4^2은 얼마죠?

__16입니다.

3^2+4^2은 얼마죠?

__25입니다.

25는 5^2이지요? 그러므로 3, 4, 5는 다음 관계식을 만족합니다.

$$3^2+4^2=5^2$$

그러므로 빗변의 길이가 5이고 다른 두 변의 길이가 3, 4인 삼각형은 피타고라스의 정리를 만족하는 직각삼각형입니다. 이때 $c^2=a^2+b^2$을 만족하는 세 수를 피타고라스의 수라고 부릅니다.

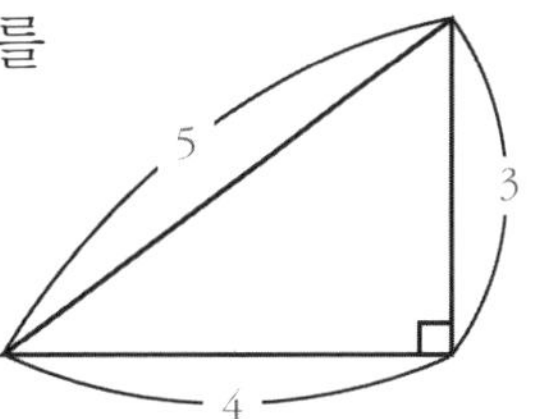

이 삼각형이 피타고라스의 정리를 만족하는지를 확인해 봅시

다. 세 변의 길이가 3, 4, 5인 직각삼각형이 있습니다.

이 삼각형의 각 변을 한 변의 길이로 갖는 정사각형을 그리고, 한 변의 길이가 1인 정사각형으로 나눠 봅시다.

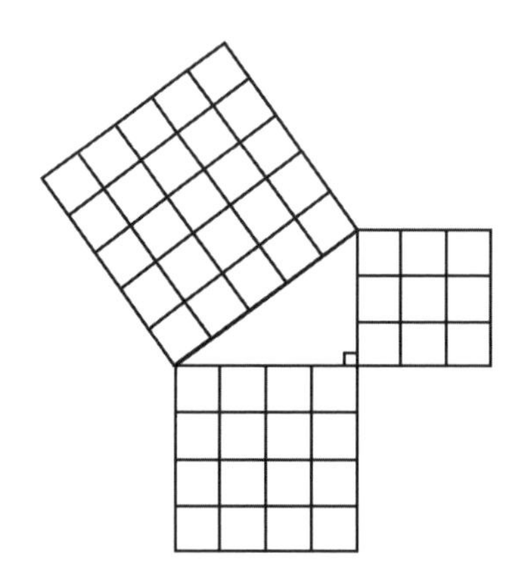

모눈의 개수를 헤아려 보면 빗변을 한 변으로 하는 정사각형의 모눈의 개수는 25개이고 다른 두 변을 한 변으로 하는 정사각형의 모눈의 개수는 각각 9개, 16개가 되어 $25 = 9 + 16$을 만족합니다. 이것이 바로 피타고라스의 정리이지요.

그럼 어떤 삼각형이 피타고라스의 수로 이루어진 삼각형일까요? 삼각형의 닮음을 이용하면 다음에 주어지는 삼각형도 피타고라스의 정리를 만족한다는 것을 알 수 있습니다.

오른쪽 페이지에 주어진 삼각형은 변의 길이가 3, 4, 5인 직각삼각형과 닮음입니다. 각 변의 길이가 2배로 되었으니까

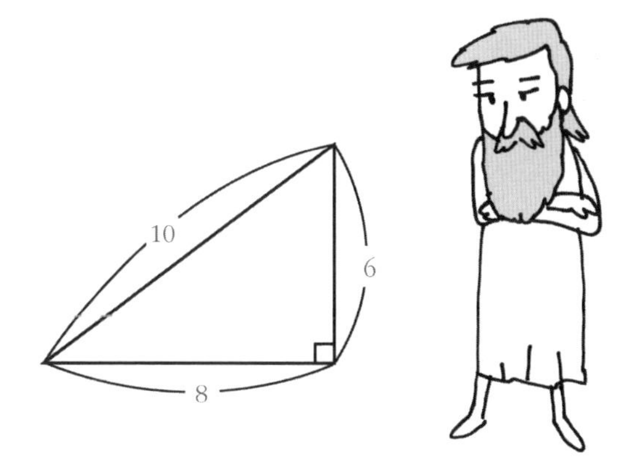

요. 즉 6, 8, 10도 피타고라스의 수이고, 이 세 수를 변의 길이로 하는 삼각형도 직각삼각형입니다. 이런 식으로 하면 얼마든지 많은 피타고라스의 수를 찾아낼 수 있습니다. 즉, 길이가 3, 4, 5인 직각삼각형과 닮은 모든 삼각형들의 변의 길이는 피타고라스의 수가 되지요.

그럼 다른 피타고라스의 수도 있을까요? 함께 찾아봅시다.

5^2은 얼마죠?

__25입니다.

12^2은 얼마죠?

__144입니다.

5^2+12^2은 얼마죠?

__169입니다.

169는 13^2입니다. 그러므로 5, 12, 13은 다음 관계를 만족합니다.

$$5^2 + 12^2 = 13^2$$

그러므로 5, 12, 13은 피타고라스의 수입니다. 즉, 세 변의 길이가 5, 12, 13인 삼각형은 직각삼각형이 되지요. 물론 빗변이 가장 긴 변이 됩니다.

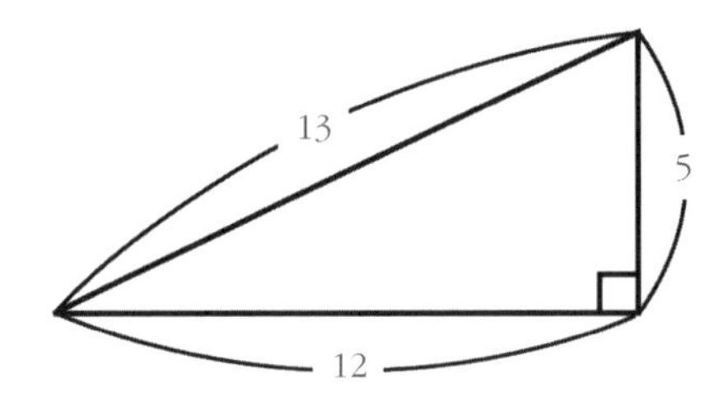

무리수의 발견

우리는 지금까지 자연수로만 이루어진 피타고라스의 수를 보았습니다. 하지만 직각삼각형의 세 변의 길이가 모두 자연수일 필요는 없습니다.

다음 그림과 같이 한 변의 길이가 1인 정사각형을 보죠.

정사각형이므로 네 각은 모두 직각입니다. 이제 이 정사각형을 대각선 방향으로 자르면 다음과 같이 됩니다.

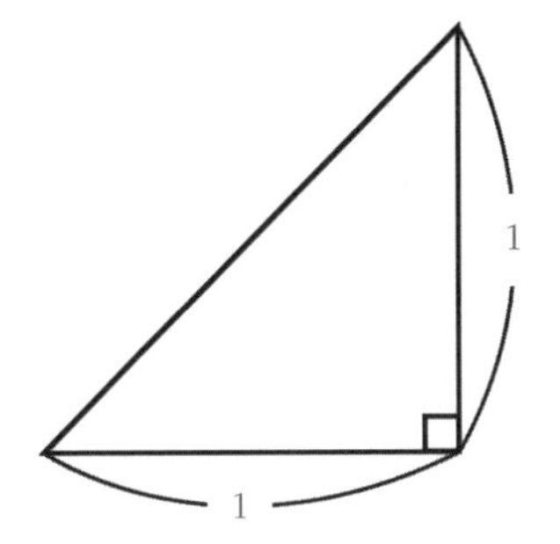

물론 이 삼각형은 직각삼각형입니다. 이 직각삼각형의 빗변의 길이는 얼마일까요? 빗변의 길이를 x라고 하면 피타고라스의 정리에 의해 $x^2=1^2+1^2$을 만족합니다. $1^2=1$이므로,

이 식은 $x^2=2$가 되지요. 제곱을 하면 2가 되는 수, 그런 수가 있을까요?

1.4를 제곱하면 얼마죠?

__1.96입니다.

1.41을 제곱하면 얼마죠?

__1.9881입니다.

1.414를 제곱하면 얼마죠?

__1.999396입니다.

1.4142를 제곱하면 얼마죠?

__1.99996164입니다.

1.41421를 제곱하면 얼마죠?

__1.9999899241입니다.

점점 2에 가까워지고 있지요? 하지만 이런 식으로 하여 제곱을 했을 때 정확히 2가 나오는 수는

1.414213562…

가 되어 끝없는 소수가 됩니다. 물론 순환이 되는 숫자들도 없고요. 이런 무한소수를 무리수라고 부릅니다. 즉, 제곱하여 2가 나오는 수는 무리수인데 이것을 $\sqrt{2}$라고 쓰고 '루트 이' 또

는 '제곱근 이'라고 읽습니다. 그러므로 빗변이 아닌 두 변의 길이가 모두 1인 직각삼각형의 빗변의 길이는 $\sqrt{2}$입니다.

물론 이 삼각형과 닮은꼴의 삼각형은 모두 피타고라스의 정리를 만족하는 직각삼각형입니다. 즉, 세 변의 길이의 비가 $1:1:\sqrt{2}$인 삼각형은 직각삼각형이 되지요.

예를 들어 아래의 직각삼각형을 보죠.

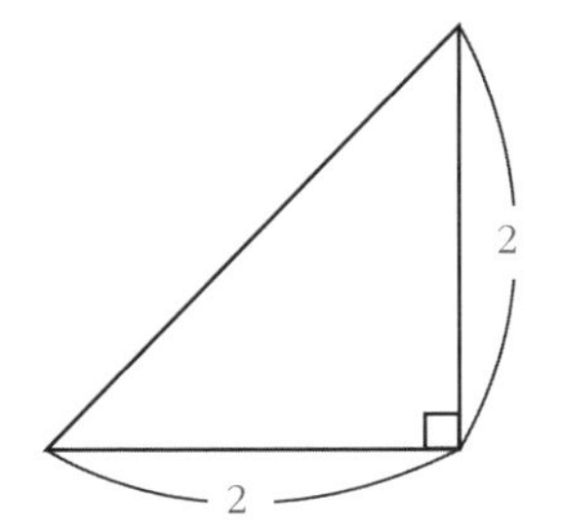

빗변이 아닌 변의 길이가 2인 직각이등변삼각형이군요. 이 삼각형은 빗변이 아닌 변의 길이가 1인 직각이등변삼각형과 닮음입니다. 그러므로 이 직각삼각형의 빗변의 길이는 $\sqrt{2}$의 2배입니다. $\sqrt{2}$의 2배는 $2\times\sqrt{2}$인데, 이것을 간단히 $2\sqrt{2}$라고 씁니다. 일반적으로는 다음과 같이 정의합니다.

빗변이 아닌 변의 길이가 a인 직각이등변삼각형의 빗변의 길이는 $\sqrt{2}a$이다.

1가지 더 얘기해야겠군요. 직각이등변삼각형에서 직각이 아닌 각은 모두 45°입니다.

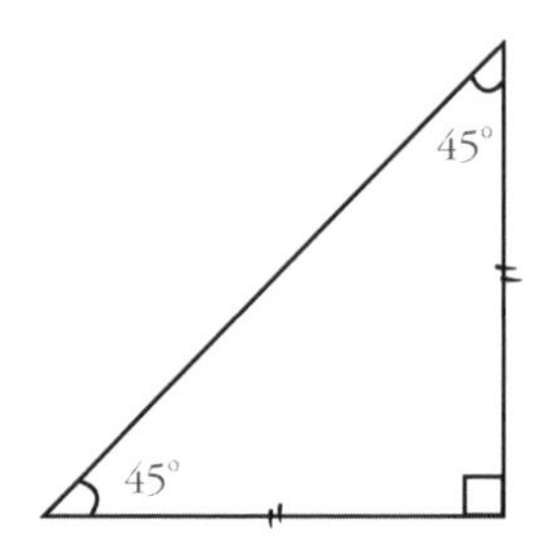

예각삼각형과 둔각삼각형의 피타고라스의 정리

피타고라스의 정리는 직각삼각형에 대해서만 성립합니다. 하지만 예각삼각형이나 둔각삼각형의 경우도 피타고라스의 정리와 비슷한 성질을 가지고 있습니다. 이것에 대해 알아보겠습니다.

피타고라스는 학생들에게 길이가 6cm, 7cm, 8cm인 종이테이프를 압정으로 연결해 삼각형을 만들게 했다. 예각삼각형이 만들어졌다.

가장 긴 변의 길이의 제곱은 얼마죠?

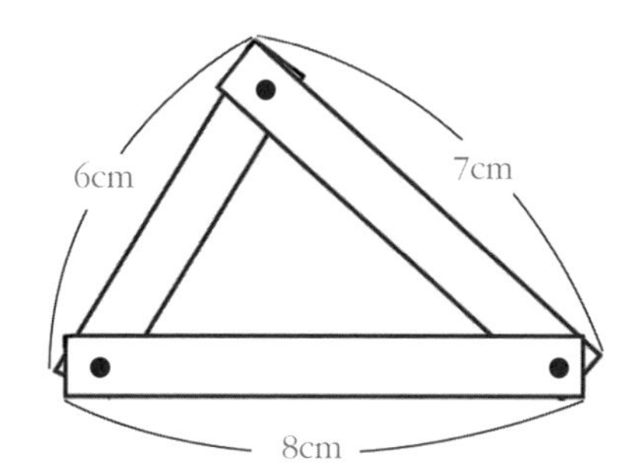

__$8^2=64$입니다.

다른 두 변의 길이의 제곱의 합은 얼마죠?

__$6^2+7^2=85$입니다.

64는 85보다 작지요? 가장 긴 변의 길이의 제곱이 다른 두 변의 길이의 제곱의 합보다 작군요. 이것이 바로 예각삼각형의 성질입니다.

예각삼각형에서 가장 긴 변의 길이의 제곱은 다른 두 변의 길이의 제곱의 합보다 작다.

이번에는 둔각삼각형에 대해 알아보죠.

피타고라스는 학생들에게 길이가 3cm, 4cm, 6cm인 종이테이프를 압정으로 연결해 삼각형을 만들게 했다. 둔각삼각형이 만들어졌다.

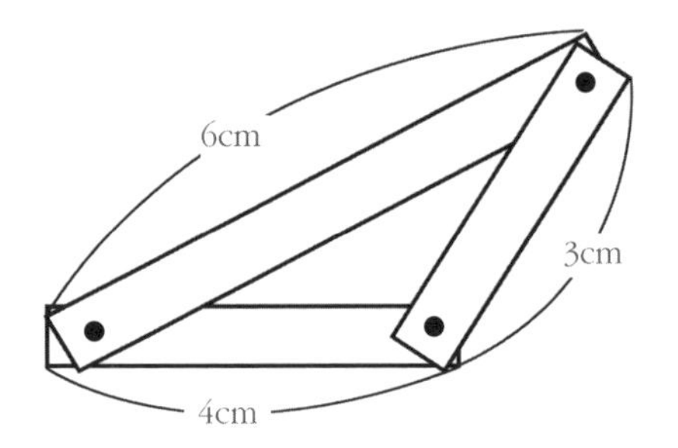

가장 긴 변의 길이의 제곱은 얼마죠?

__$6^2 = 36$입니다.

다른 두 변의 길이의 제곱의 합은 얼마죠?

__$3^2 + 4^2 = 25$입니다.

36은 25보다 크지요? 가장 긴 변의 길이의 제곱이 다른 두 변의 길이의 제곱의 합보다 크군요. 이것이 바로 둔각삼각형의 성질입니다.

둔각삼각형에서 가장 긴 변의 길이의 제곱은 다른 두 변의 길이의 제곱의 합보다 크다.

만화로 본문 읽기

선생님, 삼각형에는 알고 있었던 것보다 재미있는 성질이 참 많네요.
그렇죠? 그중에서도 직각삼각형은 아주 특별해요. 그래서 여러 가지 흥미로운 성질이 있지요.

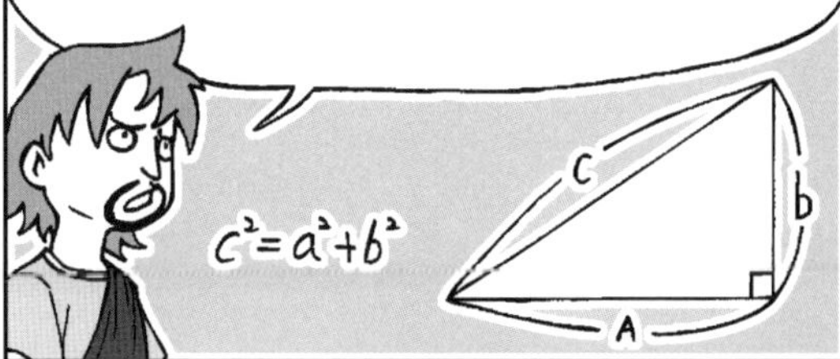

직각삼각형에서 직각을 끼지 않은 비스듬한 변을 빗변이라고 해요. 이때 빗변의 길이의 제곱은 나머지 두 변의 길이의 제곱의 합과 같다는 정리가 성립하게 되는데, 내 이름을 따서 피타고라스의 정리라고 하지요.
$c^2=a^2+b^2$
c
b
A

예를 들어 , $3^2=9$, $4^2=16$이므로 $3^2+4^2=25$지요. 그런데 $25=5^2$이니까 $3^2+4^2=5^2$을 만족하죠. 그러므로 3, 4, 5는 피타고라스의 정리를 만족하는 피타고라스의 수랍니다.
아, 그럼 빗변의 길이가 5이고, 다른 두 변의 길이가 3, 4인 삼각형은 직각삼각형이겠네요?

그래요. 변의 길이가 3, 4, 5인 직각삼각형을 그린 다음, 각 변에 한 변의 길이가 1인 정사각형의 모눈을 그려 봅시다. 그러면 25=9+16, 즉 피타고라스의 정리를 만족하지요.

그렇다면 다른 피타고라스의 수는 없나요?
삼각형의 닮음을 이용하면 3, 4, 5의 2배인 6, 8, 10을 각 변의 길이로 하는 삼각형도 직각삼각형이 됩니다.
이런 식으로 얼마든지 피타고라스의 수를 찾아낼 수 있답니다. 한번 찾아볼까요?
6
10
8
3
5
4

$5^2=25$, $12^2=144$입니다. 그리고 $5^2+12^2=169$인데, $169=13^2$이죠? 그러므로 5, 12, 13은 $5^2+12^2=13^2$을 만족하는 피타고라스의 수라는 것을 알 수 있습니다. 즉, 세 변의 길이가 5, 12, 13인 삼각형은 직각삼각형이 되지요.
그렇군요.
5
12
13

여섯 번째 수업

6

피타고라스의 정리 증명

피타고라스의 정리는 어떻게 증명할까요?
증명 방법은 300가지가 넘는답니다.

6

여섯 번째 수업

피타고라스의 정리 증명

교. 중등 수학 3-2 II. 피타고라스의 정리
과.
연.
계.

피타고라스는 자신의 정리를 증명한 여러 가지 방법을 소개하기 위해 여섯 번째 수업을 시작했다.

피타고라스의 정리 증명 방법은 300가지가 넘을 정도로 많습니다. 오늘은 그중 유명한 몇 가지 증명 방법을 소개하겠습니다.

첫 번째 증명

첫 번째 증명 방법은 정사각형의 넓이를 이용하는 방법입니다.

다음 그림을 보죠.

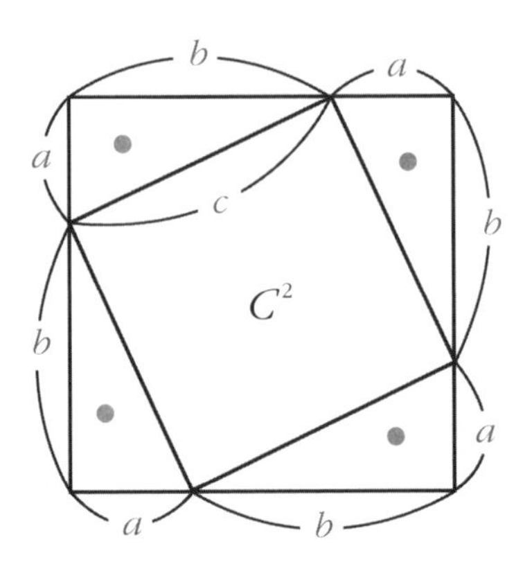

위 그림에서 직각삼각형 하나의 모습은 다음과 같습니다.

이 직각삼각형 2개를 붙이면 가로가 b이고 세로가 a인 직사각형이 만들어지죠. 따라서 합동인 4개의 직각삼각형의 위치는 달라졌지만 오른쪽 페이지와 같이 한 변의 길이가 $a+b$로

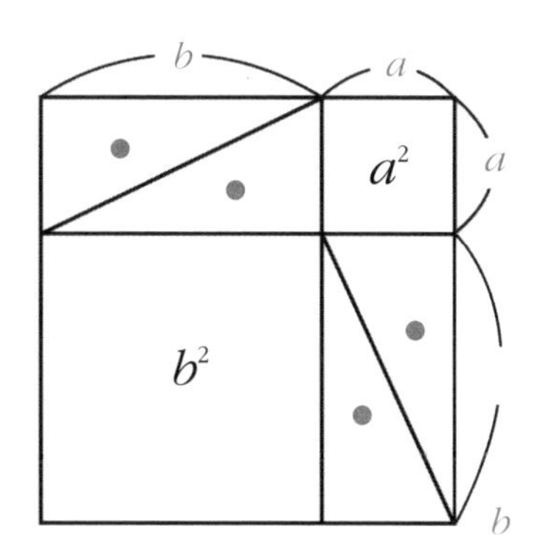

처음 정사각형과 넓이가 같은 정사각형을 만들 수 있습니다.

이때 직각삼각형 4개를 놓고 남은 부분은 한 변의 길이가 a인 정사각형과 한 변의 길이가 b인 정사각형입니다. 그러므로 처음 도형에서 작은 정사각형의 넓이 c^2은 지금 만들어진 정사각형 2개의 넓이의 합인 a^2+b^2과 같습니다. 그러므로 다음과 같은 등식을 얻게 되지요.

$$c^2 = a^2 + b^2$$

이것은 바로 빗변의 길이가 c, 나머지 두 변의 길이가 a, b인 직각삼각형에 대한 피타고라스의 정리입니다.

__와, 정말 신기해요.

__이렇게 증명이 가능하군요.

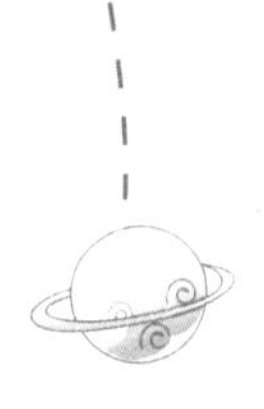

두 번째 증명

피타고라스의 정리를 다음과 같이 증명할 수도 있습니다.

피타고라스는 한 변의 길이가 c인 정사각형을 만들어 다음 그림과 같이 5개의 조각으로 잘랐다.

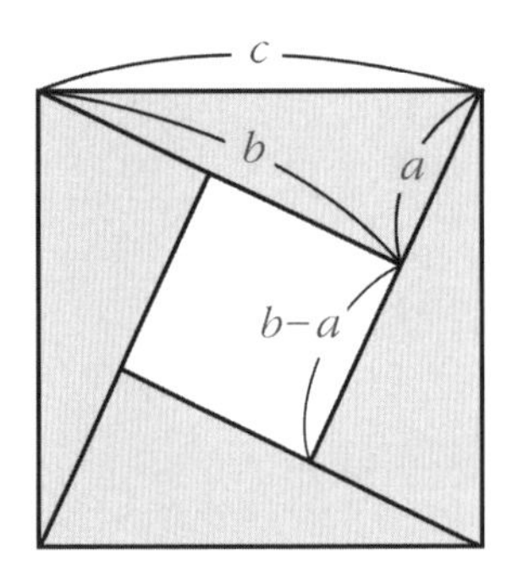

이때 큰 정사각형의 넓이는 c^2이고, 가운데 있는 작은 정사각형의 넓이는 $(b-a)^2$입니다. 이렇게 5개의 조각으로 큰 정사각형을 자르면, 작은 정사각형 1개와 4개의 직각삼각형이 나옵니다. 이때 직각삼각형의 빗변의 길이는 c입니다.

이제 이 조각들을 다르게 붙여 보겠습니다.

피타고라스는 조각들을 다음과 같이 놓았다.

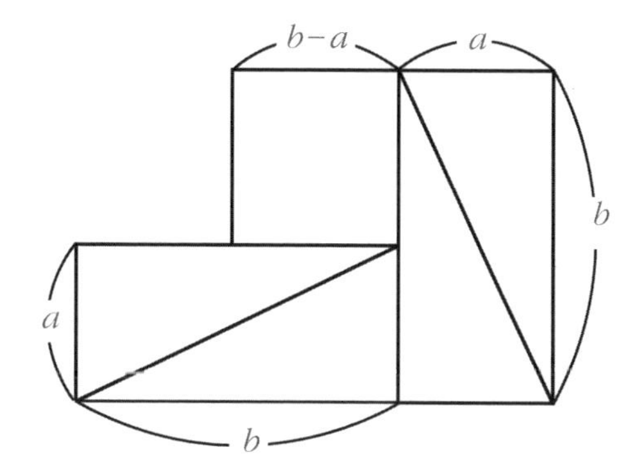

이 도형은 한 변의 길이가 c인 정사각형을 이루고 있는 5개의 조각으로 만들었으므로 그 넓이는 c^2이 됩니다. 이 도형에 다음과 같이 선을 그려 보죠.

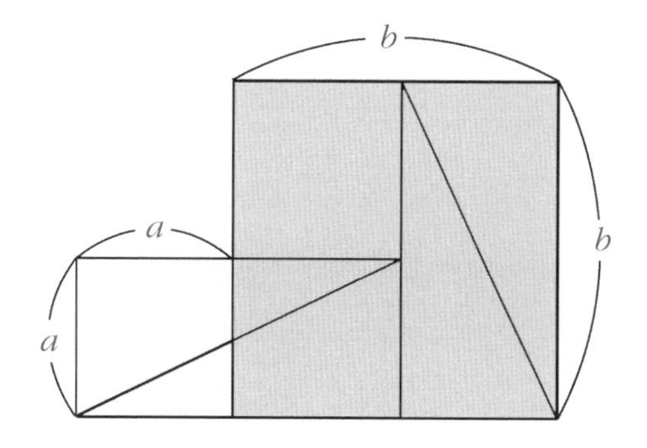

왼쪽의 정사각형은 한 변의 길이가 a이고, 오른쪽의 정사각형은 한 변의 길이가 b이므로, 이 도형의 넓이는 a^2+b^2이 됩니다. 따라서 우리는 다음 페이지의 결과를 얻습니다.

$c^2 = a^2 + b^2$

피타고라스의 정리가 또 다른 방법으로 증명되었군요.

세 번째 증명

세 번째 증명은 증명이라기보다 실험이라고 할 수 있습니다.

피타고라스는 직각삼각형을 그리고, 각 변의 길이를 한 변의 길이로 하는 정사각형의 종이를 붙였다.

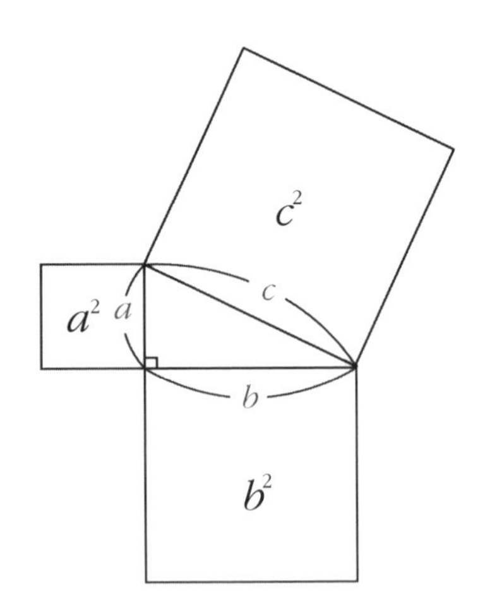

c^2이라는 것은 가로, 세로의 길이가 모두 c인 정사각형의 넓이를 뜻하므로 '$c^2 = a^2 + b^2$'이라는 식은 빗변을 한 변으로 하는 정사각형의 넓이가 다른 두 정사각형의 넓이의 합과 같다는 것을 의미합니다.

피타고라스는 다음 그림과 같이 조각을 나누었다.

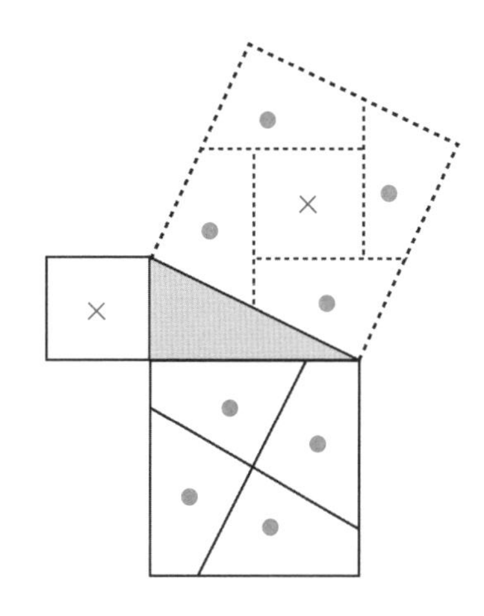

이제 왼쪽에 있는 작은 정사각형과 아래쪽에 있는 4개의 조각을 빗변을 한 변으로 하는 정사각형에 붙이면 완전히 일치합니다. 즉, 피타고라스의 정리 실험이 성공한 거죠.

이외에도 피타고라스의 정리 증명 방법은 아주 많습니다.

일곱 번째 수업

7

피타고라스의 정리 활용

피타고라스의 정리는 어디에 이용될까요?
피타고라스의 정리를 이용하는 문제를 알아봅시다.

7

일곱 번째 수업

피타고라스의 정리 활용

교과 연계.

초등 수학 6-1	7. 비례식
중등 수학 2-2	Ⅳ. 도형의 닮음
중등 수학 3-2	Ⅱ. 피타고라스의 정리

피타고라스는 자신의 정리가
활용되는 몇 가지 예를 보이고자
일곱 번째 수업을 시작했다.

오늘은 피타고라스의 정리를 이용하는 몇 가지 정리와 평면도형에서 모르는 길이를 구하는 문제의 풀이 방법을 알아보겠습니다.

먼저 다음 그림을 보죠.

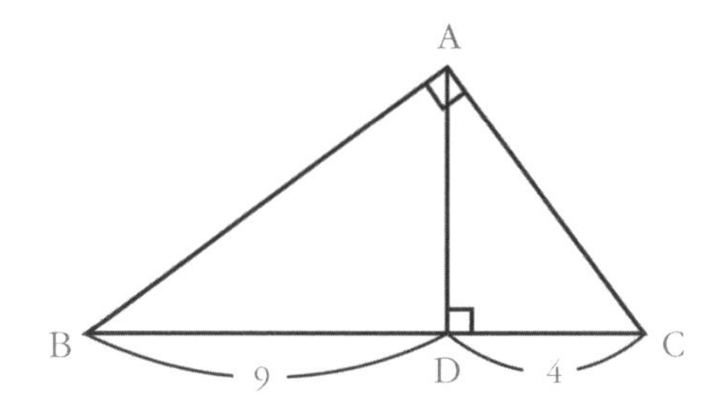

그림에서 $\angle A$와 $\angle ADC$는 직각입니다. 이때 삼각형 ABC의 넓이를 구하는 것이 과제입니다. 앗! 밑변의 길이는 알지만 높이를 모르는군요. 그렇다면 이 문제는 안 풀릴까요? 그렇지 않습니다. 우리에게는 피타고라스의 정리가 있거든요.

삼각형 ABD와 삼각형 ADC를 보세요. 두 삼각형은 직각삼각형이고 닮음입니다.

왜 그럴까요?

삼각형 ABD에서 $\angle B$와 $\angle BAD$의 합은 직각입니다.

$$\angle B + \angle BAD = 90^\circ$$

또한 $\angle A = \angle BAD + \angle DAC$이고 $\angle A$는 직각이므로

$$\angle BAD + \angle DAC = 90^\circ$$

입니다.

두 식으로부터 $\angle B = \angle DAC$가 됩니다. 따라서 두 삼각형은 두 각이 같으므로 닮음(AA닮음)입니다.

이제 두 삼각형을 오른쪽과 같이 그려 보죠.

__ 네, 선생님.

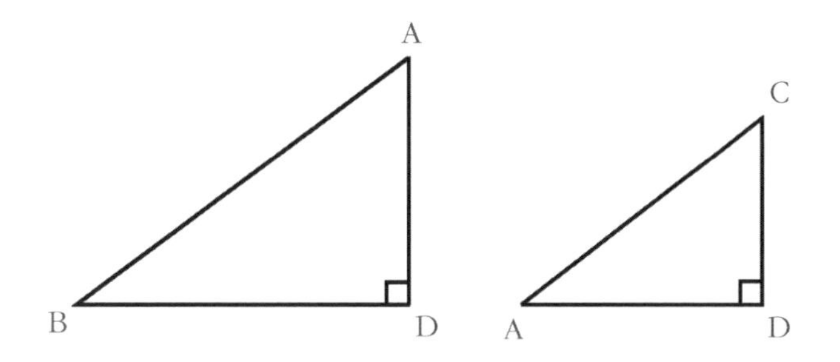

두 삼각형의 세 변이 어떻게 대응되는지 쉽게 보이죠? 이때 닮음비를 이용하면,

$\overline{BD} : \overline{AD} = \overline{AD} : \overline{CD}$

가 됩니다. $\overline{AD}$를 □라고 하면, 9 : □ = □ : 4가 되고, 이 비례식을 풀면 □ × □ = 36이 됩니다. 이것을 풀면 □ = 6이 되지요. 그러므로 삼각형 ABC의 높이는 6입니다. 따라서 삼각형의 ABC넓이는

$$\frac{1}{2} \times 6 \times 13 = 39$$

가 되지요.

__피타고라스의 정리는 정말 유용하군요.

중선 정리

이번에는 중선 정리에 대해 알아보겠습니다.

다음 삼각형을 보죠.

__ 네, 선생님.

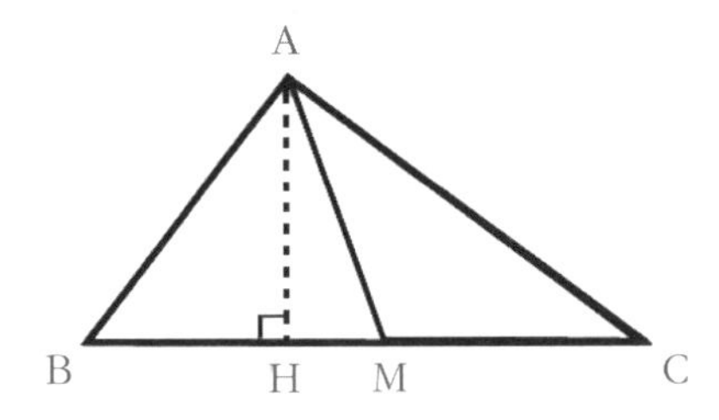

위 그림에서 M은 밑변 BC의 중점이고, H는 A에서 밑변에 내린 수선의 발입니다. 이때 다음과 같은 중선 정리가 항상 성립합니다.

$$\overline{AB}^2 + \overline{AC}^2 = 2 \times (\overline{BM}^2 + \overline{AM}^2)$$

이제 피타고라스의 정리를 이용하여 이 식을 증명해 보죠.

삼각형 ABH에 대해 피타고라스의 정리는,

$$\overline{AB}^2 = \overline{BH}^2 + \overline{AH}^2 \cdots\cdots (1)$$

이 되고 삼각형 ACH에 대해 피타고라스의 정리는

$$\overline{AC}^2 = \overline{CH}^2 + \overline{AH}^2 \cdots\cdots (2)$$

이 됩니다. 이 두 식을 더하면,

$$\overline{AB}^2 + \overline{AC}^2 = \overline{BH}^2 + \overline{AH}^2 + \overline{CH}^2 + \overline{AH}^2$$
$$= \overline{BH}^2 + \overline{CH}^2 + 2 \times \overline{AH}^2 \cdots\cdots (3)$$

이 됩니다. 이 식에서 $\overline{BH} = \overline{BM} - \overline{MH}$이고, $\overline{CH} = \overline{CM} + \overline{MH}$이므로

$$\overline{BH}^2 = (\overline{BM} - \overline{MH})^2 = \overline{BM}^2 + \overline{MH}^2 - 2 \times \overline{BM} \times \overline{MH}$$
$$\overline{CH}^2 = (\overline{CM} + \overline{MH})^2 = \overline{CM}^2 + \overline{MH}^2 + 2 \times \overline{CM} \times \overline{MH}$$

가 됩니다.

M이 $\overline{BC}$의 중점이므로 $\overline{BM} = \overline{CM}$이지요? 이것을 이용하여 두 식을 더하면

$$\overline{BH}^2 + \overline{CH}^2 = 2 \times \overline{BM}^2 + 2 \times \overline{MH}^2 \cdots\cdots (4)$$

이 됩니다. (4)를 (3)에 넣으면

$$\overline{AB}^2 + \overline{AC}^2 = 2 \times \overline{BM}^2 + 2 \times \overline{MH}^2 + 2 \times \overline{AH}^2$$

이 됩니다. 직각삼각형 AHM에서 피타고라스의 정리를 쓰면,

$$\overline{MH}^2 + \overline{AH}^2 = \overline{AM}^2$$

이 되므로

$$\overline{AB}^2 + \overline{AC}^2 = 2 \times \overline{BM}^2 + 2 \times \overline{AM}^2$$

이 됩니다. 따라서 중선 정리가 증명되었지요.

수학자의 비밀노트

피타고라스 정리의 활용

각 야구 구단이 보여 주고 있는 경기력을 기준으로 각 팀의 승률이 향후 어떻게 변해갈 것인가를 알아보는 계산 방식이 있다. 이른바 야구에 피타고라스의 정리를 적용한 '야타고라스 이론'이다.

이 승률 계산 방식은 1980년대 초반 미국의 스포츠 이론 전문가인 빌 제임스가 만든 공식으로 수학의 피타고라스의 정리를 응용한 것이다. 이 식에는 팀의 승 수, 패 수와 무관하게 팀의 득점과 실점을 계산에 적용한다. 제임스는 이러한 계산을 통해 나온 결과가 팀의 진정한 전력이라는 주장을 펼쳤으며 계산 방법은 다음과 같다.

$$(\text{야구팀의 승률}) = \frac{(\text{총 득점})^2}{(\text{총 득점})^2 + (\text{총 실점})^2}$$

이러한 방식은 팀 전체 득점과 실점을 활용한다는 점에서 팀 전체 전력의 강약 정도를 판단하는 데 유용하다고 보면 된다. 이것이 메이저리그 구단들이 팀 전력을 비교할 때만 사용하고 있는 이유이다. 즉, 피타고라스의 정리를 이용한 이 계산은 팀 순위를 정하는 방식이 아니라 팀 승률이 어떻게 진행돼 갈 것이라는 것을 예상해 보는 이론이다.

만화로 본문 읽기

밑변의 길이는 아는 데 높이를 알 수 없어서 조금 어려운데요.
다음 삼각형의 넓이를 구하여라.
A
B
9
D
4
C
그럼 높이를 알아 내면 되겠네요.

삼각형 ABD와 삼각형 ADC를 보세요. 두 삼각형은 직각삼각형이고 ∠ABD와 ∠CAD는 같으므로 두 삼각형은 닮음입니다.
왜 두 각의 크기가 같지요?

삼각형 ABD에서 ∠ABD와 ∠BAD의 합, ∠BAD와 ∠CAD의 합은 각각 직각이지요. 따라서 두 식으로부터 ∠ABD=∠CAD가 되겠지요?
아, 그래서 두 삼각형은 두 각이 같으므로 닮음이군요.
∠ABD + ∠BAD = 90°
∠BAD + ∠CAD = 90°
∠ABD = ∠CAD

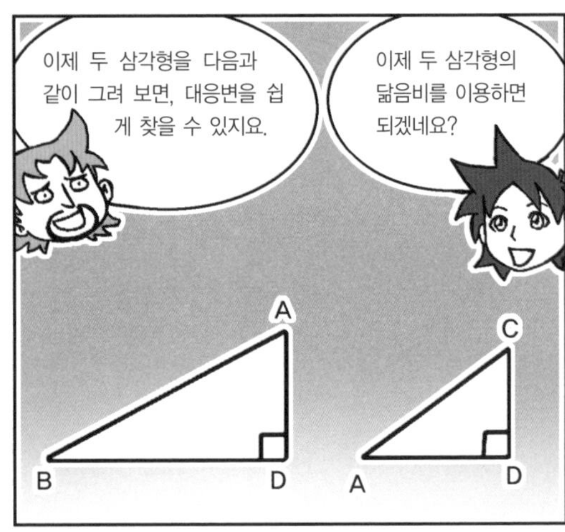
이제 두 삼각형을 다음과 같이 그려 보면, 대응변을 쉽게 찾을 수 있지요.
이제 두 삼각형의 닮음비를 이용하면 되겠네요?
A
B
D
C
A
D

그렇죠. 즉, $\overline{BD}:\overline{AD}=\overline{AD}:\overline{CD}$이고 $\overline{AD}$를 x라고 하면, 9 : x = x : 4가 되므로 $x^2=36$, x=6 되지요.
따라서 삼각형 ABC의 높이는 6이 되네요.
A
x
B
9
D
C
4
A
x
D

그러면 제가 삼각형의 넓이를 구해 볼게요. 13×6÷2=39가 되네요!
맞습니다. 이제 문을 통과할 수 있겠군요.
A
B
9
D
4
C

여 덟 번 째 수 업

8

피타고라스의 정리와 입체도형

직육면체, 사각뿔, 원기둥과 같은 도형을 입체도형이라 부릅니다.
피타고라스의 정리를 입체도형에 활용해 봅시다.

8

여덟 번째 수업

피타고라스의 정리와 입체도형

교과연계		
	초등 수학 6-2	2. 입체도형
	중등 수학 1-2	Ⅳ. 입체도형
	중등 수학 3-1	Ⅰ. 제곱근과 실수
	중등 수학 3-2	Ⅱ. 피타고라스의 정리

피타고라스는 입체도형의 예를 살펴보자며 여덟 번째 수업을 시작했다.

오늘은 피타고라스의 정리를 입체도형에 적용해 보겠습니다. 먼저 아래 직육면체의 대각선 DF의 길이를 구해 봅시다.

피타고라스는 직육면체에 대각선을 그렸다.

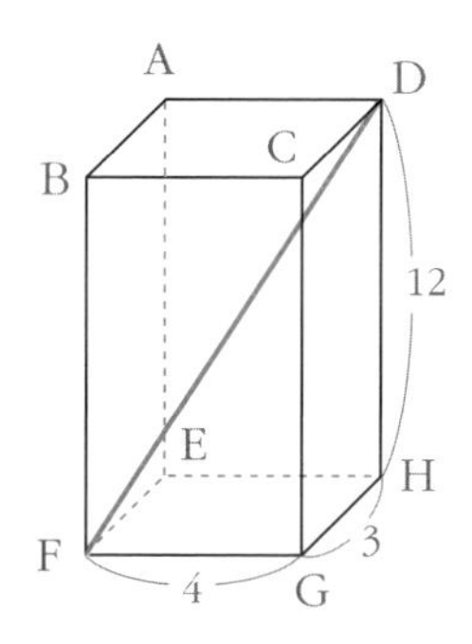

피타고라스는 F와 H를 연결한 선을 그렸다.

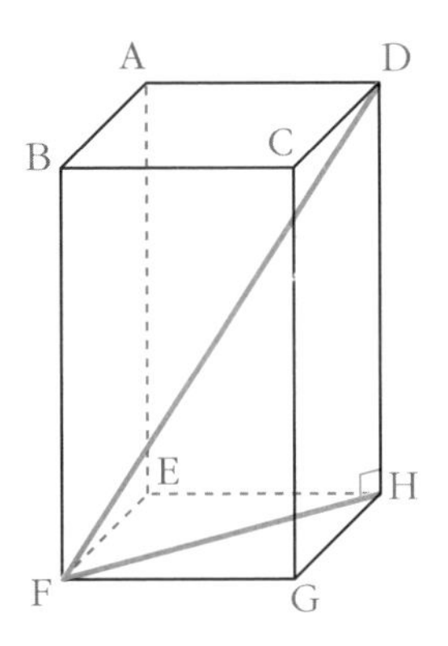

이제 삼각형 DFH를 봅시다. 이 삼각형은 직각삼각형이므로 세 변의 길이는 피타고라스의 정리를 만족합니다.

$$\overline{DF}^2 = \overline{FH}^2 + \overline{DH}^2$$

하지만 $\overline{FH}$의 길이를 알아야 $\overline{DF}$의 길이를 구할 수 있습니다. 이제 사각형 EFGH와 선분 FH를 보죠.

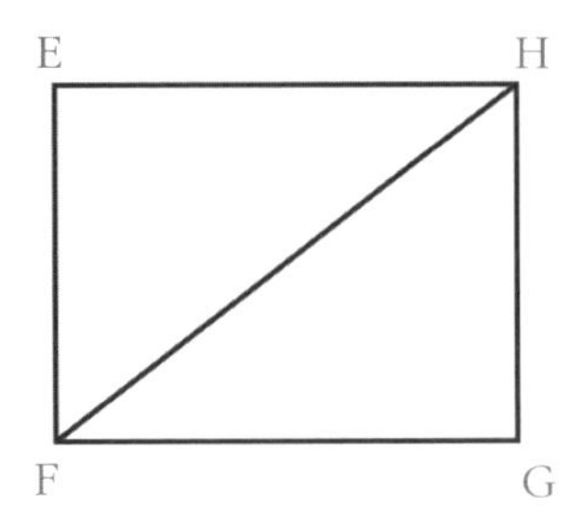

아하! $\overline{FH}$는 직각삼각형 HFG의 빗변이므로

$$\overline{FH}^2 = \overline{FG}^2 + \overline{GH}^2$$

이 되고 $\overline{FG} = 4$, $\overline{GH} = 3$이므로

$$\overline{FH}^2 = 4^2 + 3^2 = 25$$
$$= 5^2$$

이 되어 $\overline{FH} = 5$가 됩니다.

따라서 피타고라스의 정리를 이용하여 $\overline{DF}$를 구하면

$$\overline{DF}^2 = \overline{FH}^2 + \overline{DH}^2$$
$$= 5^2 + 12^2 = 169$$
$$= 13^2$$

입니다. 그러므로 직육면체의 대각선 길이 $\overline{DF}$는 13입니다. 이렇게 피타고라스의 정리는 입체도형에도 적용될 수 있습니다.

__ 정말 신기하고 재미있어요.

피라미드의 높이

피라미드는 밑면이 정사각형인 정사각뿔입니다. 이제 다음 그림과 같이 밑면의 한 변의 길이가 2이고, 옆면 모서리의 길이가 3인 정사각뿔의 높이를 구해 봅시다.

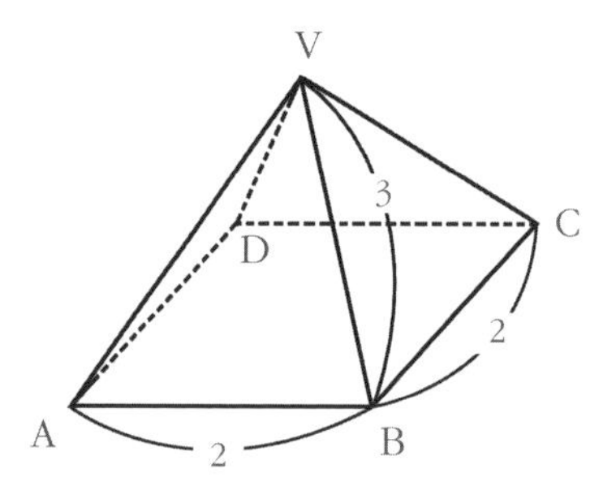

정사각뿔의 높이는 꼭짓점 V에서 밑면에 내린 수선의 길이입니다. 이때 수선의 발을 O라고 하면, O는 밑면의 중심이므로 정사각형의 두 대각선의 교점이 됩니다. 이것을 그리면 다음과 같죠.

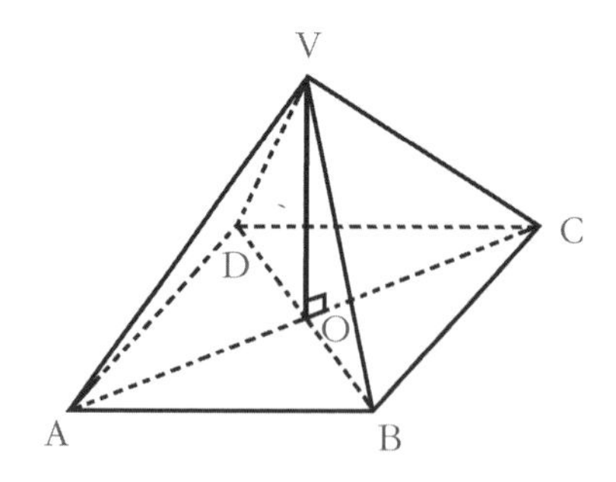

여기서 삼각형 VOC를 보죠.

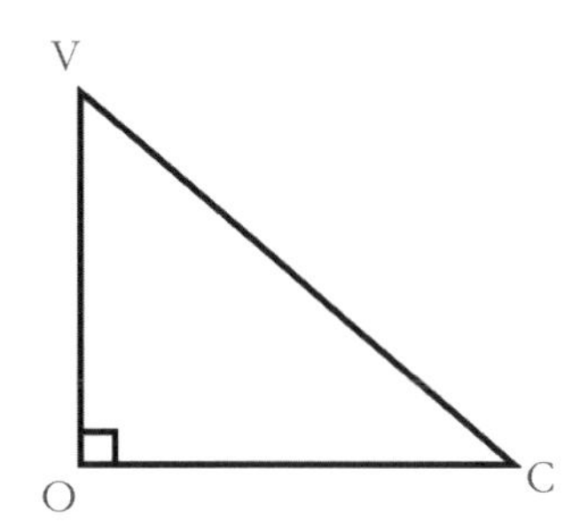

직각삼각형이군요. 그러므로 피타고라스의 정리에 의해

$\overline{VC}^2 = \overline{VO}^2 + \overline{OC}^2$

이 됩니다.

이제 $\overline{OC}$를 구해야겠군요. 삼각형 ACB를 보죠.

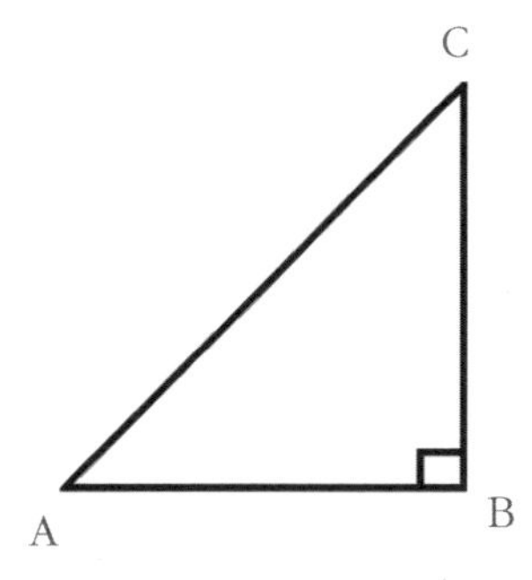

직각삼각형이므로 피타고라스의 정리를 쓰면

$$\overline{AC}^2 = 2^2 + 2^2 = 8$$

이 됩니다. 여기서 $8 = 4 \times 2$이므로

$$\overline{AC}^2 = 4 \times 2$$

가 되지요. 이제 $\overline{AC} = \square \times \triangle$라고 하고 $\square^2 = 4$, $\triangle^2 = 2$가 되는 $\square$, $\triangle$를 택하면 $\overline{AC}$를 구할 수 있지요.

위의 식에서 $\square^2 = 4$를 만족하는 $\square$는 2입니다. 또한 $\triangle^2 = 2$를 만족하는 $\triangle$는 $\sqrt{2}$라는 것을 앞에서 배웠습니다. 그러므로 $\overline{AC} = 2 \times \sqrt{2}$가 됩니다. 그리고 점 O는 $\overline{AC}$의 중점이므로 $\overline{AC}$는 $\overline{OC}$의 2배입니다. 그러므로 $\overline{OC}$는 $\sqrt{2}$가 되지요. 이제 이 결과와 $\overline{VC} = 3$을 다음 식에 넣어 봅시다.

$$\overline{VC}^2 = \overline{VO}^2 + \overline{OC}^2$$

그러면 $3^2 = \overline{VO}^2 + (\sqrt{2})^2$이 되고, 정리하면 $9 = \overline{VO}^2 + 2$가 됩니다. 그러므로 $\overline{VO}^2 = 7$입니다. 그럼 $\overline{VO}$는 제곱을 하여 7이 되는 수이군요. 우리는 앞에서 $\sqrt{2}$는 제곱하여 2가 되는 수라고 배웠습니다. 그러므로 제곱을 하여 7이 되는 수는 $\sqrt{7}$

이 됩니다. 즉, 이 정사각뿔의 높이는 $\sqrt{7}$입니다.

$\sqrt{7}$은 무리수입니다. 이 값이 어느 정도인지는 계산기를 이용하여 알아볼 수 있습니다. 그 값은 다음과 같지요.

$$\sqrt{7} = 2.645751311\cdots$$

원뿔의 높이

이번에는 피타고라스의 정리를 이용하여 원뿔의 높이를 구해 보겠습니다.

다음 원뿔을 보죠.

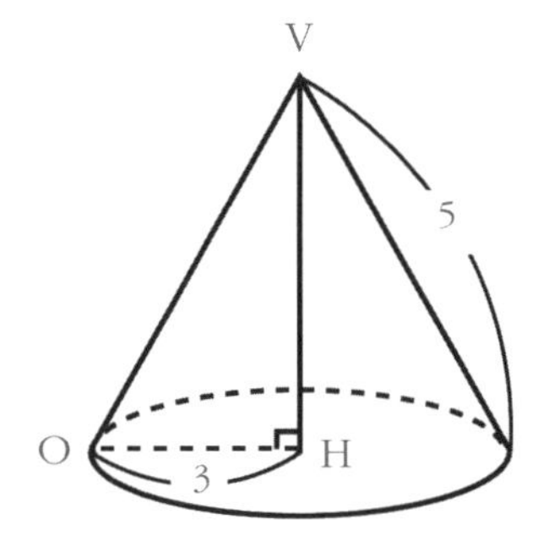

이 원뿔의 밑면의 반지름은 3이고 모선의 길이는 5입니다. 이 원뿔의 높이는 얼마일까요? 이것도 역시 피타고라스의 정

리를 이용하면 됩니다.

삼각형 VOH를 보죠.

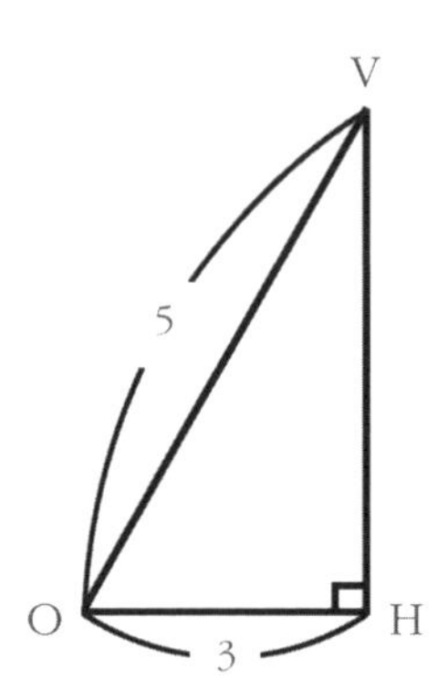

직각삼각형이군요. 그러므로 피타고라스의 정리를 쓰면

$$\overline{VO}^2 = \overline{OH}^2 + \overline{VH}^2$$

이 됩니다. 여기서 구하려는 원뿔의 높이 $\overline{VH}$를 □라고 하면, $5^2 = 3^2 + □^2$이 되고 정리하면, $25 = 9 + □^2$이 됩니다. 그러므로 $□^2 = 16$이군요. $16 = 4^2$이므로 $□ = 4$입니다.

즉, 원뿔의 높이는 4가 되지요.

만화로 본문 읽기

다음 직육면체의 대각선 $\overline{DF}$의 길이를 구하여라.
A
D
B
C
12
E
H
F
G
3
4
이번 문제는 입체도형이에요. 굉장히 어렵겠어요.
긴장하지 말고 천천히 생각해 보도록 하죠.

먼저 F와 H를 연결하고, 삼각형 DFH를 봅시다.
A
D
B
C
E
H
F
G

삼각형 DFH는 직각삼각형이니까 세 변의 길이는 피타고라스의 정리를 만족하죠?
그렇죠.
D
F
H

즉 ∠DHF가 직각일 때, $\overline{DF}^2 = \overline{FH}^2 + \overline{DH}^2$을 만족하는 것이지요.
네, 하지만 $\overline{FH}$의 길이를 알아야 $\overline{DF}$의 길이를 구할 수 있겠죠? 직각삼각형 HFG를 보도록 하죠.
A
D
B
C
12
E
H
F
4
G
3

그러면 $\overline{FH}$는 직각삼각형 HFG의 빗변이므로 $\overline{FH}^2 = \overline{FG}^2 + \overline{GH}^2$입니다. 따라서, $\overline{FG} = 4$, $\overline{GH} = 3$이므로 $\overline{FH}^2 = 4^2 + 3^2 = 5^2$ 이 되어 $\overline{FH} = 5$입니다.
$\overline{FH}^2 = 4^2 + 3^2 = 5^2$, $\overline{FH} = 5$
H
3
F
4
G

그렇습니다. 따라서 $\overline{DF}^2 = 5^2 + 12^2 = 13^2$ 이므로 대각선 $\overline{DF}$의 길이는 13이지요.
피타고라스의 정리가 입체도형에서도 적용된다는 걸 확실하게 알았어요.
D
12
F
H
5

마 지 막 수 업

가장 짧은 거리

두 점을 잇는 가장 짧은 길을 찾아봅시다.
그리고 이 거리를 피타고라스의 정리를 이용하여 구해 봅시다.

9

마지막 수업

가장 짧은 거리

교.
과.
연.
계.

초등 수학 5-1 4. 직육면체
초등 수학 6-2 2. 입체도형
중등 수학 3-2 II. 피타고라스의 정리

피타고라스는 주어진 두 점을 지나는 가장 짧은 거리를 찾아보자며 마지막 수업을 시작했다.

두 지점을 지나는 거리를 가장 짧게 가는 방법은 아래의 그림처럼 두 지점을 잇는 직선을 따라가는 것입니다.

어떤 조건을 만족하면서 주어진 두 점을 지나는 가장 짧은

길을 찾아봅시다.

먼저 다음 그림을 보죠.

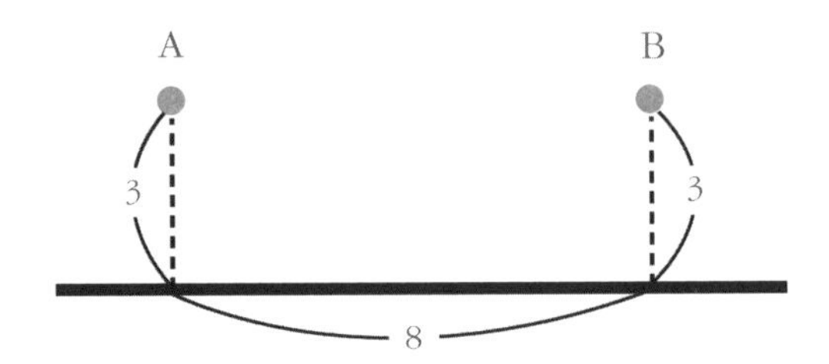

A에서 벽의 한 점을 부딪친 후 B점으로 가는 가장 짧은 거리는 얼마일까요?

우선 어느 지점에서 벽에 부딪쳐야 가장 짧은 거리가 되는지를 알아야 합니다.

예를 들어, 벽에 부딪친 지점을 P라고 합시다.

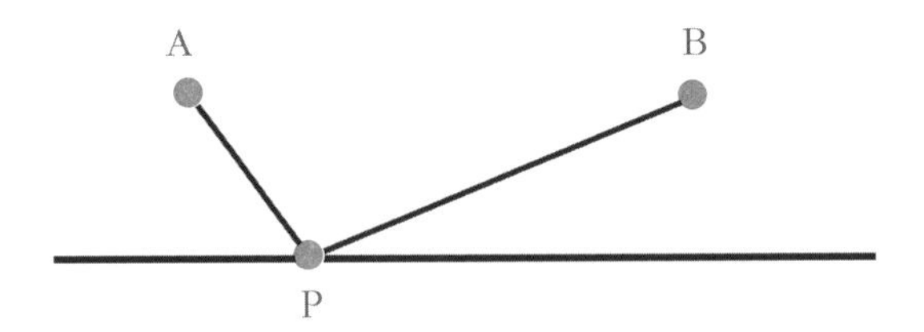

이제 우리는 $\overline{AP}+\overline{PB}$가 가장 짧아지도록 P를 택해야 합니다.

A의 벽에 대한 대칭점을 A′, 선분 AA′이 벽과 만나는 점을 C라고 합시다. 그리고 점 A′와 P를 연결합시다.

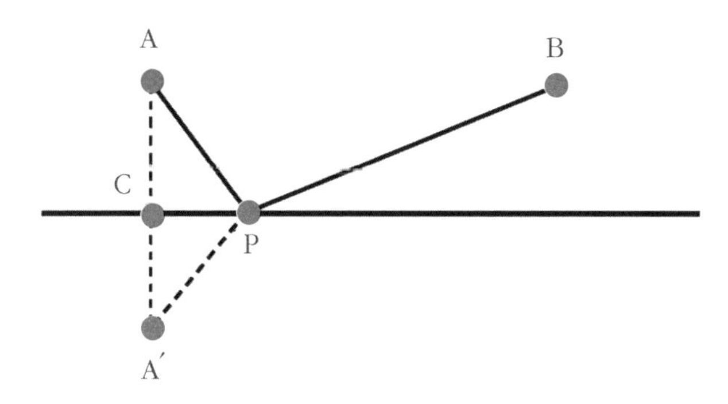

이때 삼각형 ACP와 삼각형 A′CP는 합동입니다. 그러므로 $\overline{AP}=\overline{A'P}$가 되지요. 그러므로 $\overline{AP}+\overline{PB}=\overline{A'P}+\overline{PB}$입니다. 따라서 A′에서 벽을 지나 B까지 가는 가장 짧은 거리가 되어야 합니다. 그것은 물론 A′과 B를 연결하는 직선입니다. 즉, 다음 그림과 같이 되지요.

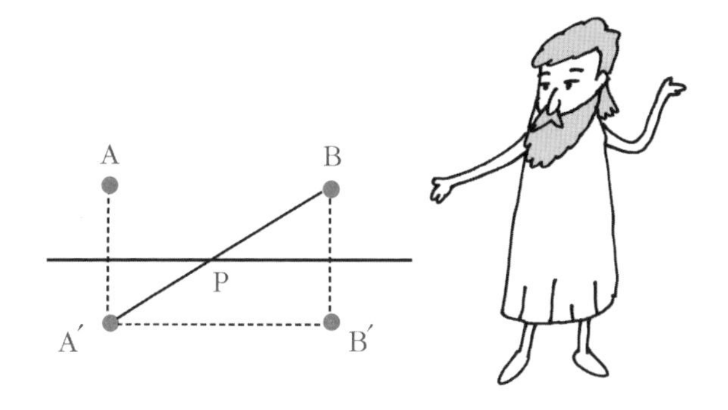

앞 페이지의 그림에서 B′은 B의 벽에 대한 대칭점입니다. 따라서 A에서 벽 위의 한 점을 지나 B로 가는 가장 짧은 거리는 $\overline{A'B}$가 됩니다. 여기서 삼각형 BA′B′은 직각삼각형이죠? 그러므로 피타고라스의 정리를 쓰면,

$$\overline{A'B}^2 = \overline{A'B'}^2 + \overline{BB'}^2$$

이 됩니다. 여기서 $\overline{A'B'} = 8$이고, $\overline{BB'} = 6$이므로

$$\overline{A'B}^2 = 8^2 + 6^2 = 100 = 10^2$$

이 되어, $\overline{A'B} = 10$이 됩니다. 즉, 우리가 구하는 가장 짧은 거리는 10이지요.

원통에서의 제일 짧은 거리

담쟁이덩굴이 자라는 방법은 기둥을 타고 가장 빠른 길을 가는 방법입니다. 왜 그런지를 살펴보죠.

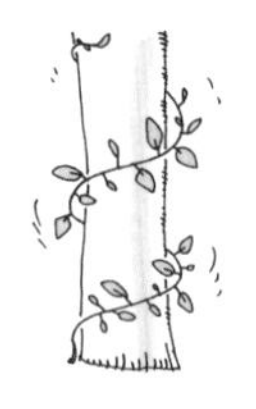

아래의 원기둥을 보죠.

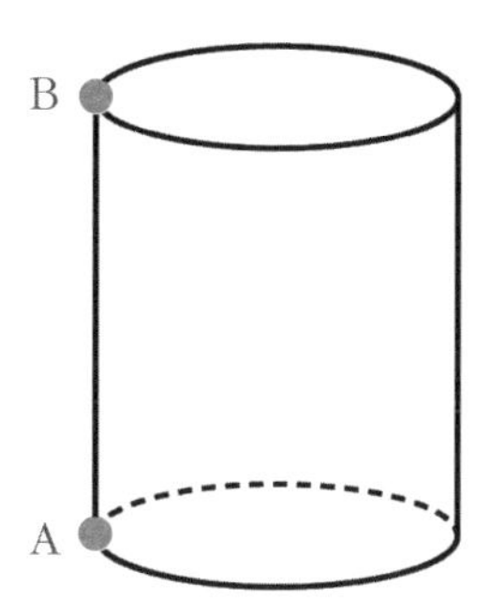

원기둥 밑면의 한 점 A에서 출발해 원기둥의 표면을 따라 점 B까지 가는 가장 짧은 거리를 구해 보죠. 원의 둘레의 길이는 6이고, 원기둥의 높이는 8이라고 합시다.

피타고라스는 복사지에 펜으로 대각선을 그렸다.

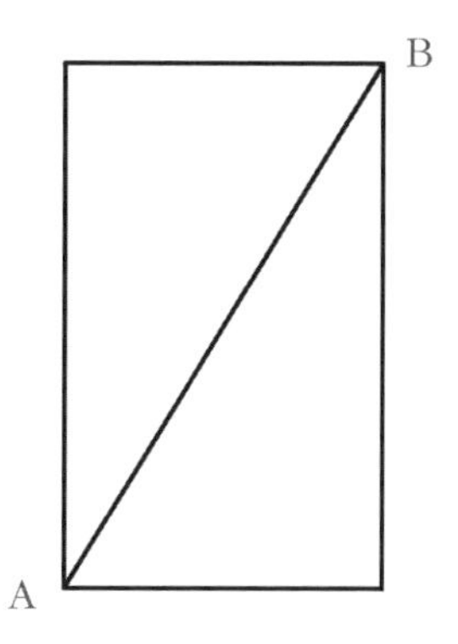

지금 이 직선은 두 점 A와 B를 연결하는 가장 짧은 거리가 되는 선입니다. 이제 이것을 돌돌 말아 원기둥을 만들어 보죠.

피타고라스가 복사지를 1바퀴 돌려 테이프로 붙이니 원기둥을 만들어졌다.

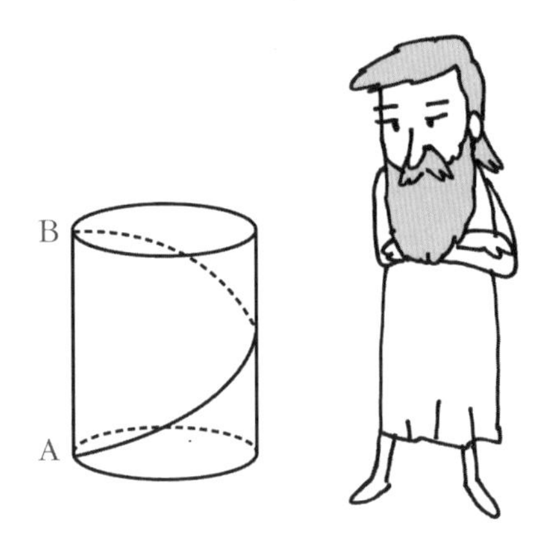

앗! 방금 전에 복사지에 그렸던 직선이 담쟁이덩굴처럼 빙글빙글 도는 곡선이 되었군요. 그렇습니다. 원기둥에서 가장 짧은 길은 담쟁이덩굴과 같은 곡선이지요.

하지만 이 길이는 전개도에서의 직선이 곡선으로 변한 것입니다. 그러므로 전개도에서의 직선의 길이와 원기둥의 옆면을 따라가는 가장 짧은 길의 거리는 같습니다. 따라서 전개도에서 길이를 구하는 것이 편리하겠지요.

다음의 그림을 보죠.

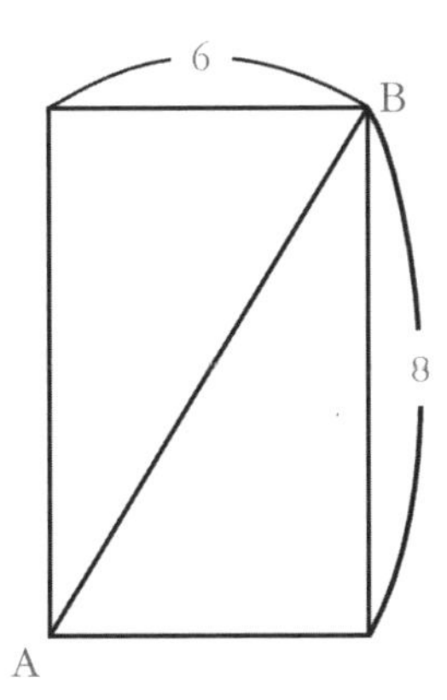

직사각형은 원기둥 옆면의 전개도이고, 가로의 길이는 원의 둘레의 길이인 6, 세로의 길이는 원기둥의 높이 8입니다.

그러므로 두 점 A, B를 잇는 가장 짧은 거리는 선분 AB의 길이입니다.

피타고라스의 정리를 써서 식으로 나타내면,

$$\overline{AB}^2 = 6^2 + 8^2 = 100 = 10^2$$

이므로 $\overline{AB} = 10$입니다. 이것이 바로 원기둥 밑면의 한 점 A에서 B까지의 가장 짧은 길의 거리가 되지요.

__아, 그렇군요.

직육면체에서의 가장 짧은 거리

이번에는 직육면체를 줄로 묶을 때 가장 짧은 거리를 구해 봅시다. 점 A에서 모서리 EF와 HG를 지나 점 C에 이르는 가장 짧은 거리는 얼마일까요?

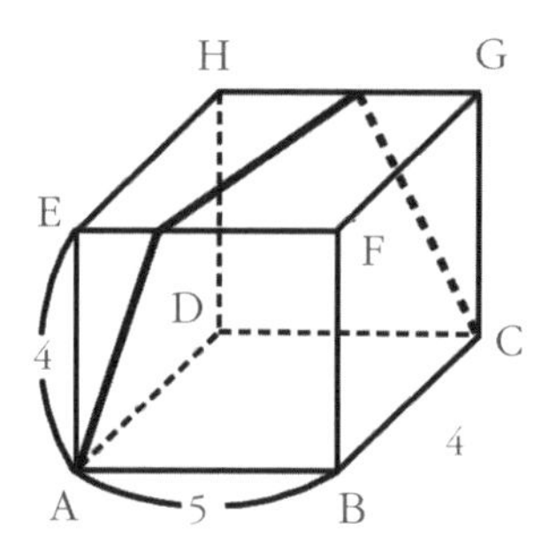

전개도의 3개의 면만을 그려 보면 구할 수 있습니다.

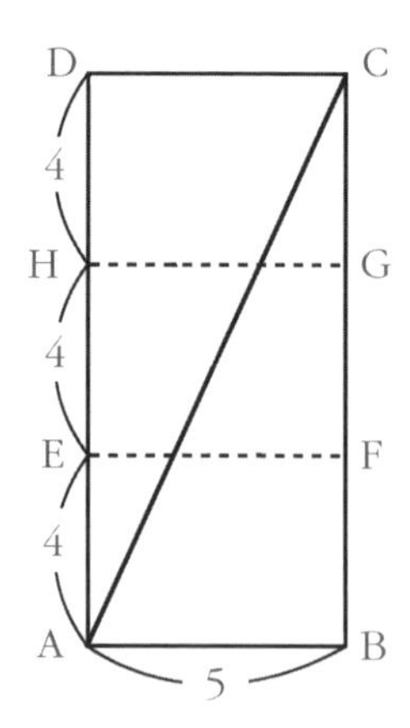

이제 A에서 C까지 가장 짧은 길은 전개도에서 선분 AC의 길이입니다. 이 길이는 피타고라스의 정리에 의해,

$$\overline{AC}^2 = 12^2 + 5^2 = 169$$
$$= 13^2$$

이므로 $\overline{AC} = 13$이 됩니다. 즉, 구하고자 하는 길이는 13이지요.

만화로 본문 읽기

이번이 마지막 관문이네요. 그런데 점 A에서 점 B까지 가는 거리가 곡선이라서 조금 까다로운데요.
원기둥 밑면의 한 점 A에서 출발해 원기둥의 표면을 따라 점 B까지 가는 가장 짧은 거리를 구하여라 단, 밑면인 원의 둘레의 길이는 6이고, 원기둥의 높이는 8이다.
B
A

이럴 때는 쉽게 문제를 풀 수 있는 방법을 활용해야 해요. 먼저 복사지를 1장 준비해서 대각선을 그려 보세요.

종이에 그린 이 직선이 두 점 A와 B를 연결하는 가장 짧은 거리가 되는 선입니다. 이 종이를 돌돌 말아 원기둥을 만들면 되지요.
앗! 방금 전에 복사지에 그렸던 직선이 담쟁이덩굴처럼 빙글빙글 도는 곡선이 되었어요.

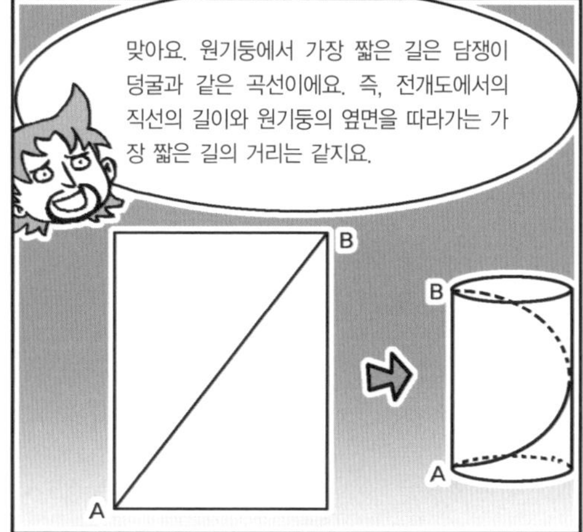

맞아요. 원기둥에서 가장 짧은 길은 담쟁이덩굴과 같은 곡선이에요. 즉, 전개도에서의 직선의 길이와 원기둥의 옆면을 따라가는 가장 짧은 길의 거리는 같지요.
B
A
B
A

원기둥의 옆면은 직사각형으로 가로의 길이는 원의 둘레의 길이인 6, 세로의 길이는 원기둥의 높이인 8이지요. 따라서 두 점 A, B를 잇는 가장 짧은 거리는 $\overline{AB}$의 길이가 됩니다.
피타고라스의 정리를 이용하면, $\overline{AB}^2 = 6^2 + 8^2 = 10^2$ 이에요.
B
8
A
6

그렇죠. 따라서 원기둥의 점 A에서 점 B까지의 가장 짧은 길의 거리는 $\overline{AB} = 10$이지요.
우아, 선생님! 우리가 마지막 문제까지 모두 풀었어요.
스르르~

부 록

삼각 나라의 앨리스

이 글은 루이스 캐럴의 《이상한 나라의 앨리스》를 패러디한
저자의 창작 동화입니다.

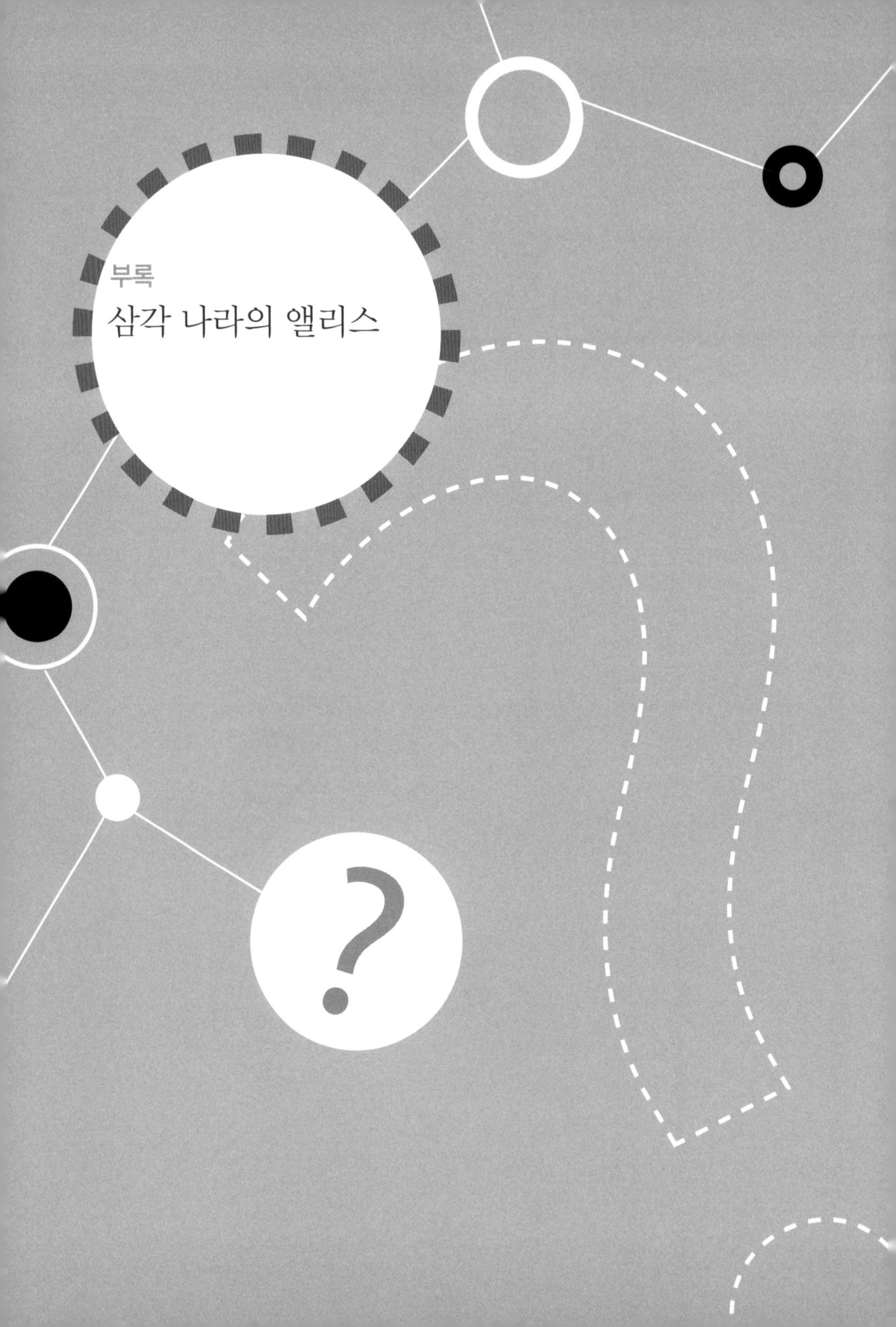
부록
삼각 나라의 앨리스

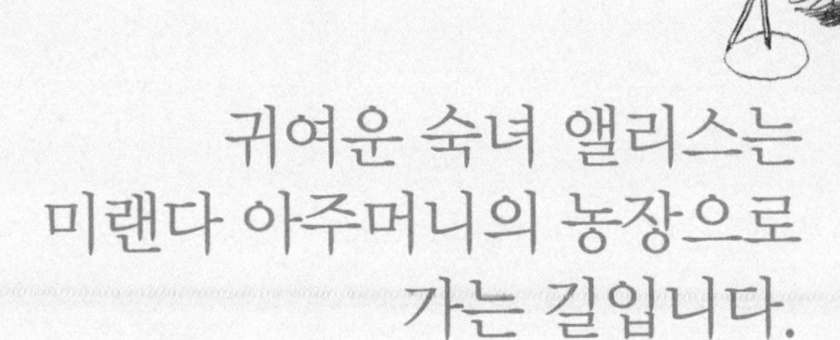

귀여운 숙녀 앨리스는 미랜다 아주머니의 농장으로 가는 길입니다.

"와! 저렇게 예쁜 산은 처음 봐."

싱그러운 풀 냄새를 맡다 보니 어느새 미랜다 아주머니의 농장에 다다랐습니다.

"어서 오너라, 앨리스."

다정한 미랜다 아주머니는 따뜻한 미소로 앨리스를 맞아 주셨습니다.

"엄마가 데리러 오실 때까지 농장에서 마음껏 뛰어놀려무나."

아주머니의 말대로 그날부터 앨리스는 농장 이곳저곳을 둘

러보았습니다. 그리고 커다란 나무에 그늘이 지면 그 아래에서 온 수학 책을 즐겨 읽곤 하였습니다.

그러던 어느 날이었습니다. 여느 때와 마찬가지로 수학 문제를 풀고 있던 앨리스 앞에 작은 왕관을 쓴 토끼 1마리가 지나가고 있는 것이 아니겠어요?

"토끼가 걸어간다. 걸어가네……. 걸어간다고?"

순간 앨리스는 깜짝 놀라 자신의 눈을 비비고 다시 확인했습니다.

"정말 걸어가네. 어떻게 이런 일이……."

토끼는 농장 뒤편 숲으로 걸어가고 있었습니다.

"따라가 봐야겠어."

앨리스는 숨을 죽이고 토끼를 쫓아갔습니다.

휘이익.

그때였습니다. 갑작스레 불어온 회오리바람이 앨리스의 몸을 휘감았습니다.

"어어……."

당황한 앨리스는 그만 정신을 잃어버리고 말았습니다.

"꼬꼬댁……, 정신이 드나 봐요."

"음매……, 다행이에요. 정신이 안 들면 어쩌나 걱정이었는데.”

“멍멍……, 귀여운 아가씨로군요.”

온갖 동물들의 소리에 앨리스는 서서히 눈을 떴습니다.

“여기가 어디죠?”

앨리스는 자신을 내려다보고 있는 수많은 동물들을 향해 떨리는 목소리로 조그맣게 물었습니다.

“꽤액꽥……, 두려워 말아요, 여기는 트리아드랍니다.”

“히이잉……, 그래요. 겁먹지 말아요. 곧 우리들의 왕이 당신을 맞으러 나오실 거예요.”

여전히 어리둥절하기만 한 앨리스 앞에 조금 전 보았던 하얀 토끼가 나와 정중히 인사를 했습니다.

"안녕하세요, 앨리스 아가씨. 저는 이곳의 왕 래빗입니다. 이렇게 모셔 와서 죄송합니다. 갑작스럽겠지만 부디 이곳에서 저희들의 힘이 되어 주세요."

"힘이라니요?"

"네, 트리아드 동물들은 모두 온순하고 매우 착하답니다. 하지만 어느 날부터 우리를 얕잡아 보는 쿤트라의 왕 늑대 울프가 우리 마을을 어지럽히고 있답니다."

어느새 글썽이는 래빗의 붉은 눈망울을 보자 앨리스의 마음도 아팠습니다.

"제가 도움이 된다면 여러분에게 힘이 되어 드릴게요. 그러니 슬퍼하지 마세요."

이 말을 들은 트리아드의 동물들은 환호성을 지르며 앨리스를 환영하였습니다. 그제야 앨리스는 그들 모두가 두 발로 서 있다는 것을 알았습니다.

다음 날이었습니다. 래빗은 앨리스를 즐겁게 해 주기 위해서 볼링장으로 데리고 갔습니다.

"음매……. 어서 오세요, 앨리스 아가씨."

인사를 건네는 염소 고웃의 얼굴이 왠지 밝아 보이지 않았습니다.

그리고 볼링 핀이 세워졌습니다.

"아니, 핀이 이게 뭐야, 고웃. 다시 세워 줘."

"하지만 저로서는 어쩔 수가 없어요, 래빗. 울프가 저렇게 세워지도록 기계를 조작했어요."

"이거 큰일이군. 앨리스 아가씨를 즐겁게 해 주려고 왔는데 이런 일이 생기다니."

래빗과 고웃이 울상을 짓자 앨리스가 미소를 지었습니다.

"걱정 마세요. 이렇게 볼링 핀 3개만 옮기면 간단히 해결되는 걸요."

앨리스는 맨 첫 줄에 있는 4개의 핀 중 왼쪽 핀을 셋째 줄 왼편에, 넷째 줄에 있는 하나의 핀을 셋째 줄 오른편에, 마지막으로 첫째 줄 오른쪽 핀을 맨 앞줄에 홀로 세웠습니다. 그러자 볼링 핀은 예전과 같이 정상적으로 세워지게 되었습니다.

그리고 앨리스는 멋진 포즈로 공을 굴렸습니다.

"스트라이크! 와아, 내가 다 쓰러뜨렸어요!"

펄쩍펄쩍 뛰며 즐거워하는 앨리스의 모습에 래빗과 고웃도 함성을 질렀습니다.

"멋져요, 앨리스!"

그제야 트리아드의 다른 동물들도 고웃의 볼링장에서 신나게 볼링을 칠 수 있었습니다.

새들이 곱게 노래를 부르는 소리에 앨리스가 눈을 뜬 곳은 트리아드의 왕, 래빗의 궁궐 안이었습니다. 궁궐이라고는 하지만 온통 초록 빛깔로 칠한 벽에 주홍빛 당근이 주렁주렁 매달려 있을 뿐 크지도, 화려하지도 않았습니다.

"아……, 향기로운 냄새가 나."

향기가 나는 곳을 따라가 보니 그곳에서 래빗이 맛있는 차를 준비하고 있었습니다.

"일어났군요, 앨리스 아가씨. 여기 앉아서 차를 마셔요."

"고마워요, 래빗."

앨리스는 미소를 띠며 탁자에 다가가 앉았습니다.

"래빗……, 래빗……! 큰일났어요."

이때 헐레벌떡 달려온 생쥐 제리가 급하게 래빗을 찾았습니다.

"무슨 일이야, 제리?"

"헉헉……, 그게 헉헉……."

숨이 가쁜 제리는 무언가 적힌 종이 1장을 래빗에게 전했습니다. 그것을 본 래빗의 손이 점점 떨리기 시작했습니다.

그러고는 얼굴마저 딱딱하게 굳어 버렸습니다.

"무슨 일이에요, 래빗?"

"드디어 올 것이 오고 말았어요, 앨리스 아가씨. 울프가 우리 마을에 쳐들어올 준비를 마쳤다고 해요. 그리고 이렇게 3개의 문제를 던져 주었어요."

"3개의 문제요?"

"네, 울프는 늘 퍼즐을 즐기죠. 그래서 때마다 어떠한 조건을 내걸고 우리에게 문제를 내곤 했어요. 전에는 우리가 힘을 모아 풀 수 있었는데 문제가 점점 어려워져서 이렇게 앨리스 아가씨를 모셔 온 거랍니다."

래빗의 말이 끝나자마자 겨우 숨을 돌린 제리가 울프의 말을 급하게 전했습니다.

"아, 참 울프가 이 말을 전하라고 했어요. 지금부터 24시간인 내일 아침 9시까지라고요. 그때까지 풀지 못하면 트리아드를 차지하겠다고 말이에요."

앨리스는 시계를 보았습니다. 오전 10시를 조금 넘기고 있었습니다.

"그 문제를 제게 보여 주세요."

앨리스가 래빗의 손에서 문제를 건네받았습니다.

"음, 첫 번째 문제. 이건 아주 간단해요."

종이에는 8개의 똑같은 삼각형으로 나누어진 다이아몬드 모양의 도형이 16개의 성냥개비로 그려져 있었습니다.

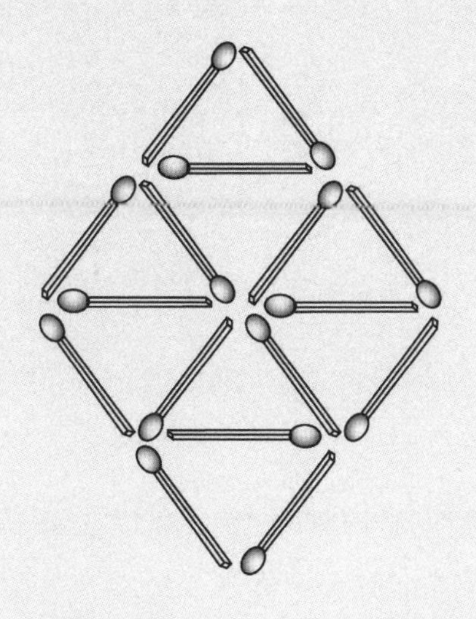

"이 중에 성냥개비 4개를 빼서 같은 삼각형 4개를 만들라고 했으니까……."

앨리스는 위에서부터 차례대로 번호를 매기고 자세히 설명해 주었습니다.

"4번 삼각형의 양변으로 사용된 성냥개비 2개를 빼면 3번과 4번이 동시에 사라져요. 그리고 5번 삼각형의 양변을 이루는 성냥개비를 이렇게 빼 버리면 자연히 5번과 6번도 사라지죠. 그러면 1번과 2번, 7번과 8번만이 남지요. 그림처럼 말이죠."

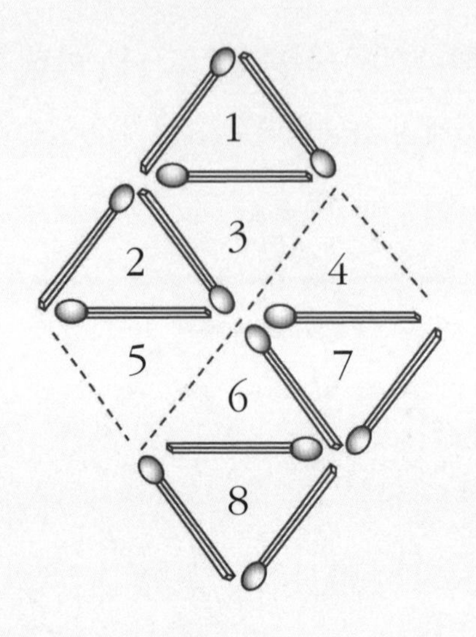

"와……, 앨리스 아가씨는 정말 대단해요!"

제리의 칭찬에 앨리스의 볼이 금세 붉어졌습니다.

"앨리스 아가씨가 첫 번째 문제를 해결하셨어요."

어느새 울프의 소식을 듣고 몰려든 트리아드 동물 모두에게 제리는 크게 외쳤습니다.

"와아……, 우리는 살았다. 앨리스 아가씨는 우리의 은인이야. 만세!"

모두가 입을 모아 앨리스에게 찬사를 보냈습니다.

"정말 훌륭해요, 앨리스 아가씨."

래빗의 말에 아직은 아니라고 앨리스는 말했습니다.

"아직 2문제가 남았어요."

하지만 밖에서는 벌써부터 트리아드의 동물들이 축하 잔치를 준비하느라 바삐 움직이고 있었습니다.

한편 첫 번째 문제를 벌써 해결했다는 소식을 전해 들은 울프는 화가 났습니다.

"이런, 그 녀석들이 어떻게 벌써 풀었단 말이지? 이러다가 정말로……. 아니야, 아니야. 첫 번째 문제는 쉬워. 어디 다음 문제도 쉽게 풀리는지 해 보라고, 흐흐."

울프는 시꺼먼 눈썹을 치켜세우며 웃었습니다.

두 번째 문제를 읽던 앨리스는 아까보다 표정이 더 밝아졌습니다.

"이것은 내가 아는 문제예요. 나무 아래서 재미나게 풀던 문제거든요."

"오호……. 앨리스 아가씨, 당신은 정말 똑똑하군요."

래빗의 말이 끝나기도 전에 제리는 나가서 트리아드 동물들에게 이 사실을 알렸습니다. 그리고 그도 잔치 준비를 도왔습니다.

"이렇게 별 무늬가 찍힌 공 5개와 하트 무늬 공 5개, 그리고 클로버 무늬의 공 5개를 삼각형 모양의 틀 안에 같은 무늬

끼리 서로 나란하지 않게 넣는 방법은 이렇답니다.”

앨리스는 옆에 놓인 삼각형 쟁반 위에 각각의 무늬를 넣은 래빗의 탁구공을 채워 나갔습니다.

“밑변부터 채워 올라가자면, 먼저 ♡♧☆♡♧로 배열하고, 그 위에는 ☆♡♧☆, 또 그 위에는 ♧☆♡, 그 다음은 ♡♧, 마지막엔 ☆을 두는 거죠. 그러면 가로든 대각선이든 절대 같은 무늬끼리는 나란하게 나열되지 않아요.”

래빗의 집 밖에서는 이미 흥겨운 노랫소리와 춤이 한바탕 어우러지고 있었습니다.

“앨리스 아가씨가 있는 한 우린 끄떡없어.”

“꼬끼오……, 앨리스 아가씨도 얼른 나와 우리와 춤을 춰요.”

“컹컹……, 그래요. 어서 문제를 마저 풀고 저 쿤트라 녀석들의 코를 납작하게 해 버려요."

모두가 들떠서 소리를 질렀습니다.

이들의 경쾌한 노랫소리가 더욱 신나게 울려 퍼져 울프의 귀에까지 들어갔습니다.

"이게 무슨 노랫소리야. 혹시 이것들이……."

그때 상황을 보고하러 온 부하는 어찌할 바를 몰라 몸을 부르르 떨었습니다.

"대왕님, 두 번째 문제도 풀었다고 합니다."

"아냐, 그럴 리가 없어. 네가 가르쳐 주고 온 거 아냐? 당장 이 녀석을 나무에 매달아라."

"대왕님, 절대 그런 적 없습니다. 제발……."

하지만 이미 화가 머리끝까지 난 울프는 부하의 울부짖는 소리 따위는 들리지 않았습니다.

"그래 봤자 마지막 문제는 어림없어. 이 멍청한 트리아드 녀석들아, 어디 실컷 즐겨 봐라. 나중에는 눈물을 흘리며 내게 매달릴 테니……."

울프가 발톱을 날카롭게 세우자 번뜩이며 빛이 났습니다.

"밖이 왜 이리 소란스럽죠?"

문제에 집중하고 있던 앨리스는 밖에서 들리는 소리와 맛있게 풍겨 오는 냄새가 궁금했습니다.

"앨리스 아가씨가 문제를 척척 해결하자 트리아드의 모든 동물들이 기뻐서 아가씨를 위한 잔치 준비를 하고 있답니다."

"잔치요?"

"네, 앨리스 아가씨 덕분에 트리아드를 지킬 수 있으니 당연히 보답을 해 드려야지요."

"하지만 아직 문제를 다 해결하지 못했는걸요."

"앨리스 아가씨라면 무슨 걱정이겠어요. 2문제를 벌써 해결하셨으니 남은 1문제도 가뿐히 해결할 수 있을 거예요."

"그렇지만……."

"하하, 걱정 말고 편하게 푸세요. 그럼 저도 밖으로 나가 봐야겠어요. 모든 잔치에는 식순이 빠지면 안 되니까, 저는 이만."

이렇게 말한 래빗은 앨리스에게 브이의 손짓을 하며 밖으로 나갔습니다.

"휴……."

홀로 남은 앨리스는 작은 볼을 부풀려 한숨을 내쉬고는 다시 힘을 냈습니다. 밖에서는 더욱 바쁘게 움직이는 소리가 들려왔습니다. 시계는 오후 2시를 가리키고 있었습니다.

"마지막 문제. 성냥개비 3개로 만든 삼각형이 하나 있네.

성냥개비 하나를 더 사용해 지금 것과 같은 삼각형이 2개가 되게 하라."

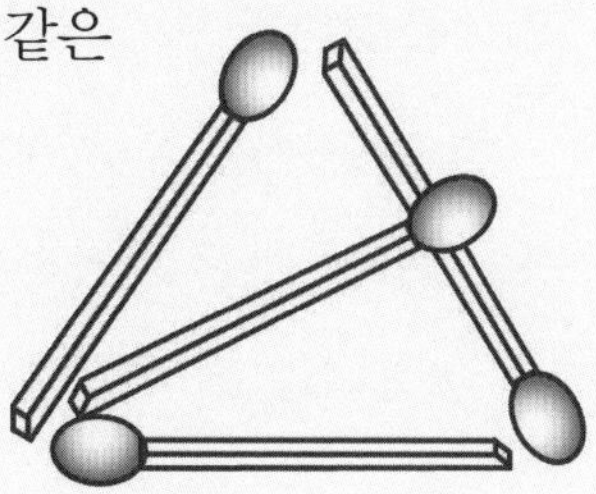

앨리스는 먼저 성냥개비 하나를 집어 삼각형의 가운데에 넣었습니다.

"이건 분명 2개가 되지만 크기가 작아져."

성냥개비 하나를 손에 쥔 채 앨리스는 지그시 눈을 감았습니다.

꼬로록…….

앨리스의 배에서 소리가 났습니다. 시계를 보니 오후 5시였습니다.

"배가 고파. 하지만 아직 마지막 답을 구하지 못했는걸. 먹을 것을 가지러 나가면 모두들 내가 문제를 풀었다고 생각할 거야. 참고 더 생각해 보자."

앨리스는 고픈 배를 꾹 누른 채 성냥개비를 이리저리 굴리며 다시 고민에 빠졌습니다.

하지만 밖에서는 잔치 준비로 각자 맡은 일을 하느라 정신이 없었습니다. 모두들 언제 나올 지 모르는 앨리스에게 최고로 멋진 잔치를 열어 주고 싶다는 생각뿐이었으니까요.

"와……, 다 되었다!"

불행히도 이 소리는 트리아드 동물들이 잔치 준비를 마치고 다함께 외친 소리였습니다.

"정말 멋진 파티장이야."

"그런데 왜 아직 앨리스 아가씨가 나오지 않고 계신 걸까?"

"다 풀고 깜박 잠이 드신 건 아닐까?"

"맞아, 그럴 수 있어. 제리, 네가 안으로 들어가 봐."

래빗이 제리를 위해 조심스레 문을 열어 주었습니다.

조금 후 방에서 나온 제리는 힘이 빠져 보였습니다.

"왜 그래, 제리?"

자기에게 모두의 시선이 집중되자, 제리는 어렵게 말했습니다.

"아직 마지막 문제로 고민하고 있어요. 이제 우린 어떡해요. 흑흑흑."

"그만해, 제리. 아직 시간은 많이 남았어."

"그래, 분명 앨리스 아가씨라면 해결할 수 있어."

모두들 울먹이는 제리를 위로했습니다.

그러나 트리아드의 모든 동물은 불안한 표정을 짓고 있었습니다.

댕댕…… 댕.

벽에 걸린 시계가 자정을 알렸습니다. 이제 앨리스는 배도

고프고 잠도 밀려와 앞이 가물거렸습니다.

"아……, 이젠 어쩌지."

똑! 똑!

이때 문이 열리고 래빗이 빵과 신선한 우유를 들고 방으로 들어왔습니다.

"우리가 너무 잔치에만 신경 쓰다 보니 앨리스 아가씨를 챙기지 못했어요. 배가 많이 고팠을 텐데, 어서 드세요."

"죄송해요, 래빗. 아직 마지막 문제를 풀지 못했어요."

앨리스가 울먹이자 래빗은 빙긋 웃어 보였습니다.

"기운이 없어서 그럴 거예요. 이 빵과 우유를 먹고 나면 훨씬 괜찮아질 거예요. 그러니 실망하지 말아요, 앨리스 아가씨."

"고마워요, 래빗. 더 생각해 볼게요."

"그럼요, 앨리스 아가씨는 할 수 있어요. 천천히 생각해 보세요. 저는 나가 있을게요. 그리고 밖에서 모두들 기도하고 있으니 힘내세요."

래빗이 나가자 앨리스는 빵과 우유를 맛있게 먹었습니다.

댕댕…… 댕.

시계는 어느새 새벽 4시를 가리켰습니다.

모두들 곯아떨어진 듯 밖은 조용했습니다.

앨리스도 배가 불러 오자 잠이 쏟아졌습니다.

"으……, 안 돼……."

앨리스는 머리를 흔들었습니다.

앨리스는 기지개를 켰습니다. 그래도 고개는 방아를 찧었습니다.

"아아, 이젠 어떡하지……."

손에 쥔 성냥개비가 미워 보였습니다. 그리고 실망할 트리아드 동물들의 표정이 떠올랐습니다. 그런데도 잠은 자꾸만 쏟아졌습니다.

"정말 안 되는데, 안 되는데, 안 되는……."

앨리스는 중얼거리며 곧장 꿈나라로 빠져드는 듯 했습니다.

댕댕…… 댕.

시계가 새벽 6시를 가리킨 것은 바로 그때였습니다.

"이런, 큰일이군."

모두가 잠든 시각, 래빗은 뜬눈으로 밤을 새웠습니다. 그리고 조심스레 앨리스가 있는 방 안으로 들어가 보았습니다.

앨리스는 여전히 문제를 풀지 못한 채 잠에 취해 있었습니다.

"저러다 앨리스 아가씨가 쓰러지겠는걸. 하지만 우리 트리아드도 이제 3시간 후면, 아……."

고개를 떨군 래빗은 다시 밖으로 나갔습니다.

래빗이 다녀간 줄도 모르는 앨리스는 도저히 잠을 떨쳐 버릴 수 없어서 손에 쥔 성냥개비를 자신의 눈꺼풀을 지탱시키는 데 사용했습니다.

"이젠 눈이 감기지 않을 거야."

그때였습니다. 삼각형이 분명 2개가 생겼습니다.

"이게 어찌된 일이지."

아무리 보아도 같은 모양, 같은 크기의 삼각형이 2개였습니다.

'혹시…….'

눈꺼풀에서 성냥개비를 빼자 다시 하나가 되었습니다. 또

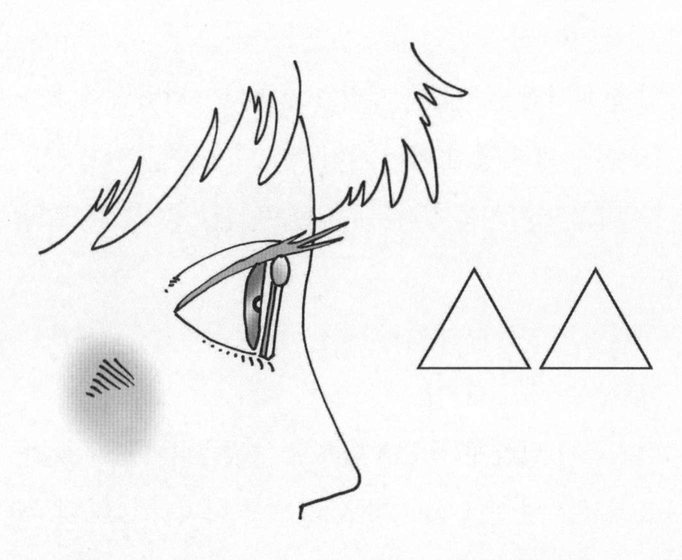

다시 눈꺼풀을 성냥개비로 받치자 2개가 되었습니다.

"와……, 해냈어. 이게 정답이었어. 이제 트리아드는 무사해."

그러고는 앨리스는 곧장 꿈나라로 갔습니다.

"흐흐흐, 드디어 아침이군. 트리아드 녀석들이 밤새 조용한 걸 보면 아직도 마지막 문제를 해결하지 못한 게 분명해. 이제 슬슬 트리아드를 내 손에 넣으러 가 볼까? 하하하."

어느덧 해가 뜨는 트리아드 마을을 울프가 내려다보고 있었습니다.

"모두들 어서 일어나요. 벌써 8시예요."

"앨리스 아가씨는 어떻게 되셨지?"

"잠들어 계셔!"

안을 살피러 들어갔던 제리가 소리치며 나왔습니다.

"우린 이제 어떻게 되는 거지?"

"앨리스 아가씨도 못 푼 문제를 우리가 풀 리 없잖아요. 흑흑흑."

트리아드 동물들이 하나, 둘씩 울기 시작했습니다.

"걱정 말아요, 여러분."

앨리스가 환하게 웃으며 밖으로 나왔습니다.

그러고는 새벽에서야 겨우 알아낸 마지막 문제의 해답을

가르쳐 주었습니다. 그러자 모두 만세를 부르며 맛있게 아침을 먹었습니다.

한편 트리아드로부터 해답을 건네받은 울프는 이를 갈며 어쩔 수 없이 물러났습니다.

"으……, 트리아드 녀석들. 어디 두고 보자."

앨리스는 그 후 여러 날을 트리아드 동물들과 즐겁게 지냈습니다. 트리아드 동물들은 그런 앨리스를 매우 사랑하게 되었습니다.

그러나 앨리스는 미랜다 아주머니의 걱정하시는 표정이 떠오를 때마다 슬펐습니다.

"아……, 엄마는 오셨을까?"

그리고 앨리스를 데리러 온 엄마가 자신이 없어진 것을 알고 얼마나 걱정할지 생각할 때마다 집 생각이 더욱 간절해졌습니다.

이를 눈치챈 래빗은 앨리스를 집으로 보내 주어야겠다고 결심했습니다.

그러던 어느 날이었습니다. 트리아드 마을의 다리가 무너졌습니다.

이 다리는 마을을 가로지르는 개울에 놓여 있어 트리아드를 하나로 연결해 주는 중요한 다리였습니다. 그런데 이곳을 지나던 돼지 피글의 무거운 무게에 그만 무너지게 된 것입니다.

"피글, 몇 번을 말했니?"

"너 때문에 또 다리가 무너졌어."

"맞아, 이젠 다시 세우기도 지긋지긋해."

피글은 고개를 떨군 채, 아무 말도 하지 못했습니다. 그러자 피글을 탓하던 동물들은 괜스레 미안해졌습니다.

"괜찮아, 피글. 다시 세우자."

"그래, 기운 내."

하지만 다리를 다시 세우자는 의견에 반대하는 동물들이

말했습니다. 의견은 둘로 나뉘고 말았습니다.

“또 다시 세운다고? 피글이 지나가면 어차피 무너지고 말 거야.”

“맞아, 맞아. 한두 번이 아니잖아.”

트리아드의 동물들은 서로 소리를 높여 자신의 의견을 말했습니다.

“여러분, 무슨 일이에요?”

“오……, 앨리스 아가씨.”

앨리스가 상황을 묻자 앞을 다투어 서로 말하려고 나섰습니다.

“이래서는 제가 알아들을 수가 없답니다.”

“제가 말씀드리죠.”

앞으로 나온 거위 구스가 이제까지의 상황을 조근조근 일러 주었습니다.

“저런……, 가엾은 피글. 우리, 다리를 새로 놓아요.”

“와아……, 앨리스 아가씨도 다리를 새로 놓길 원하셔.”

앨리스의 말에 모두들 다리를 새로 놓기로 결정했습니다. 그러고는 곧장 트리아드의 건축가인 고양이 미아우의 집으로 향했습니다.

앨리스와 래빗은 미아우의 안내를 받아 작업실로 들어갔습니다. 여기저기 도면으로 가득한 방에는 연필이 주렁주렁 매달려 있었습니다.

"다리를 놓는 것은 쉬워요. 벌써 수십 번 있어 왔던 일이니까요."

"수십 번씩이나요?"

앨리스가 놀라서 묻자 미아우가 도면을 들고 왔습니다.

"이것이 이제까지의 도면이죠. 이렇게 사각형으로 만들면 절대 무너질 리가 없는데 피글은 너무 무거워요."

미아우가 투덜거렸습니다.

"사각형이라고요? 어디 한번 보여 주세요."

앨리스는 미아우로부터 도면을 건네받았습니다. 거기에는

사각형으로 이어 만든 구조물이 있었습니다.

"이건 사각형이라서 오히려 약해요."

"그게 무슨 말이죠?"

앨리스의 뜻밖의 말에 미아우는 깜짝 놀랐습니다.

"저거면 되겠군요. 미아우 저기 두꺼운 종이를 사용해도 될까요?"

미아우가 두꺼운 종이를 가져다주자, 앨리스는 가로와 세로의 길이가 같은 종이테이프를 여러 개 만들었습니다.

"자, 이 종이테이프의 양 끝에 구멍을 뚫고, 종이테이프 4개를 압정으로 이어서 사각형으로 만든 것이 이제까지의 다리였죠. 그런데 보세요, 여기 모서리를 밀게 되면 접혀 버리는 것이 사각형 구조의 단점이에요."

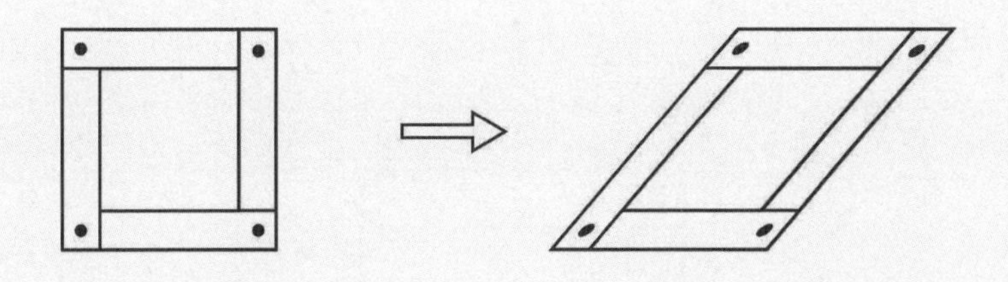

미아우와 래빗이 모서리를 누르자 앨리스의 말대로 곧 접히고 말았습니다.

"제가 이런 모형을 만들어 보지 않고 사각형이 튼튼할 거라는 생각만으로 다리를 만들어서 이런 일이 자꾸만 생긴 거였군요. 그럼 이제 어떻게 해야 하는 거죠?"

앨리스는 다시 종이테이프로 사각형을 만들고 그 안을 가로지르는 대각선을 연결하였습니다. 그러자 아무리 밀어도 끄떡하지 않았습니다.

"사각형 구조는 변형이 쉬워요. 하지만 삼각형 구조는 이렇게 튼튼하답니다."

앨리스의 친절한 설명을 듣고 트리아드 마을의 모든 동물들은 힘을 합쳐 다리를 새로 놓기 시작했습니다.

그리고 얼마 지나지 않아 기존의 다리에 대각선을 연결하여 만든 새 다리가 완성되었습니다.

"와……, 이것 봐요! 내가 이렇게 다리 위에서 마음 놓고 뛰게 되다니 너무 기뻐요."

피글은 신이 나서 새로 놓인 다리 위를 쿵쾅거리며 뛰어다

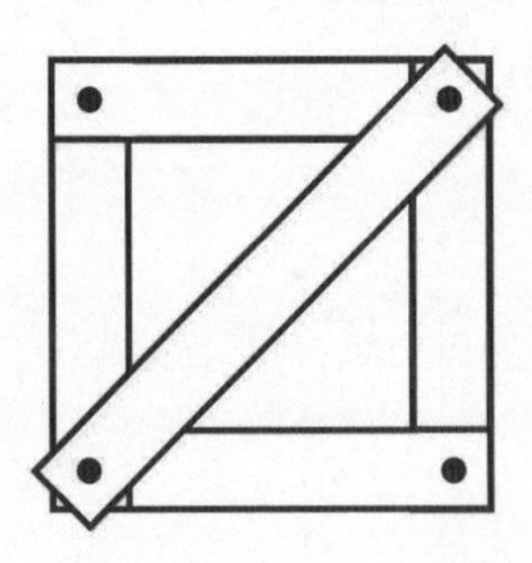

녔습니다.

"앨리스 아가씨 덕분에 우리 마을의 다리가 정말 튼튼하게 놓이게 되었어."

"앨리스 아가씨, 고마워요."

"정말 감사해요."

모두들 새 다리 위를 걸으며 앨리스에게 감사의 인사를 전했습니다. 앨리스도 기뻐하며 손을 흔들었습니다. 그러다가 병아리를 데리고 강을 건너는 어미 닭을 보자 문득 엄마가 그리워졌습니다.

"엄마……."

앨리스의 슬픈 눈빛을 읽은 래빗은 오늘 작별을 해야겠다고 마음먹었습니다.

"앨리스 아가씨, 울지 마세요. 이제 곧 회오리바람이 올 거랍니다. 그 속으로 들어가면 집으로 돌아가실 수 있어요."

래빗의 말에 앨리스의 얼굴이 다시 밝아졌습니다. 하지만 정든 트리아드의 동물들과 헤어지는 것도 슬펐습니다.

"래빗, 정말 보고 싶을 거예요. 그리고 모두 정말정말 사랑해요."

앨리스가 모두에게 작별을 고하자, 이제껏 흥에 겨워 있던 트리아드의 모든 동물들은 깜짝 놀랐습니다. 그러나 모두들 앨리스가 무사히 집에 돌아갈 수 있도록 기도드렸습니다.

휘…이…익.

그때 회오리바람이 불어오더니 손을 흔들고 있던 앨리스를

순식간에 빨아들였습니다.

"앨리스, 저녁 먹자꾸나. 앨리스, 어디 있니?"

미랜다 아주머니의 고운 목소리가 들렸습니다.

"으음……."

"어머, 우리 귀여운 앨리스가 여기서 자고 있었구나."

나무 그늘 아래서 쌔근쌔근 자고 있던 앨리스를 미랜다 아주머니가 흔들어 깨웠습니다.

그제야 눈을 뜬 앨리스는 미랜다 아주머니를 보자 너무 반가워 껴안았습니다.

"너무 반가워요, 미랜다 아주머니."

"호호, 사랑스런 우리 앨리스가 꿈을 꾸었나 보구나. 나도 우리 앨리스가 보고 싶었단다."

"꿈이라고요?"

무서운 꿈을 꾸고 자신에게 매달리는 줄 알았던 미랜다 아주머니는 앨리스를 꼬옥 안아 주었습니다.

"자, 이제 어서 들어가 저녁을 먹자꾸나. 따뜻하게 끓인 수프가 아주 맛있을 테니. 그리고 앨리스야, 내일은 엄마가 데리러 오신다는구나."

"정말요? 아이, 신나!"

엄마가 오신다는 소리에 너무 신이 난 앨리스는 지금까지의 일은 까맣게 잊어버렸습니다.

미랜다 아주머니의 손을 잡고 집으로 향하는 앨리스의 뒤로 곱게 물든 붉은 저녁노을이 지고 있었습니다.

"잘 가요, 앨리스 아가씨."

앨리스가 무사히 집으로 들어가는 모습을 본 래빗은 폴짝 폴짝 뛰어 숲으로 사라졌습니다.

저녁노을이 울창한 숲을 불그스름하게 덮어 주었습니다.

수학자 소개

피타고라스의 정리를 발견한 피타고라스 Pythagoras, B.C.580~B.C.500

피타고라스는 기원전 6세기 중엽에 그리스의 사모스 섬에서 태어났으며, 기원전 532년 고향을 떠나 이탈리아 남부의 크로톤이라는 작은 마을에 정착하였습니다. 피타고라스는 그곳에서 학교를 세워 많은 젊은이들을 철학자 또는 정치가로 키웠다고 합니다.

'피타고라스의 정리'는 피타고라스의 업적 중 가장 유명한 것으로 그는 이 정리를 발견했을 때, "이것은 나 혼자 힘으로 된 것이 아니라 오로지 신의 힘으로 가능했다"고 기뻐하면서 황소 100마리를 잡아 신에게 바쳤다고 전해집니다.

피타고라스는 이 정리에서 무리수를 발견하게 됩니다. 자연수만을 수라고 생각하였던 피타고라스는 결국 무리수를 수로 인정하지는 않았지만 무리수가 있다는 것을 처음으로 발견하였습니다. 피타고라스는 이 사실을 외부에 알리지 못하도록 하였지만 그의 제자 중 한 사람이 발설하는 바람에 화가 나서는 그를 물에 빠뜨려 죽였다고 합니다.

피타고라스는 그 외에도 홀수와 짝수, 부족수, 과잉수, 완전수, 우애수, 소수 등을 처음으로 정의하였으며 수를 도형과 관련지어 삼각수와 사각수 등을 발견하기도 하였습니다. 또한, 음악을 수학의 일부로 보아 음악에서도 많은 업적을 남겼습니다.

이렇게 여러 가지 업적을 남긴 피타고라스는 보수적 정치 성향에 반대하는 주민들에 의해 크로톤에서 추방되어 메타폰티온이라는 도시에서 생을 마감했다고 합니다.

수학 연대표

언제, 무슨 일이?

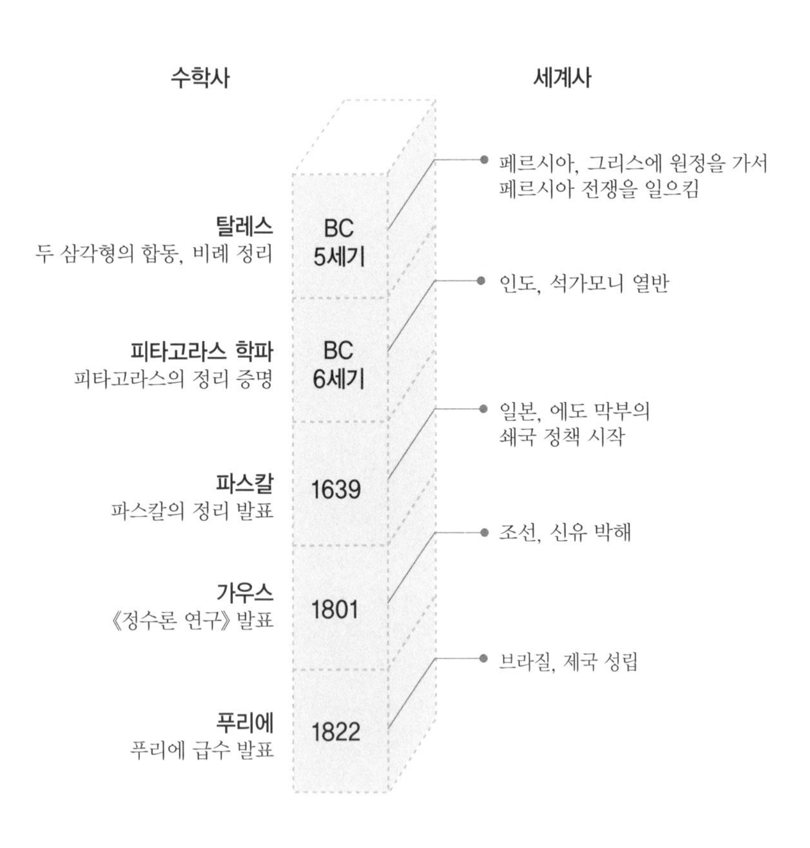

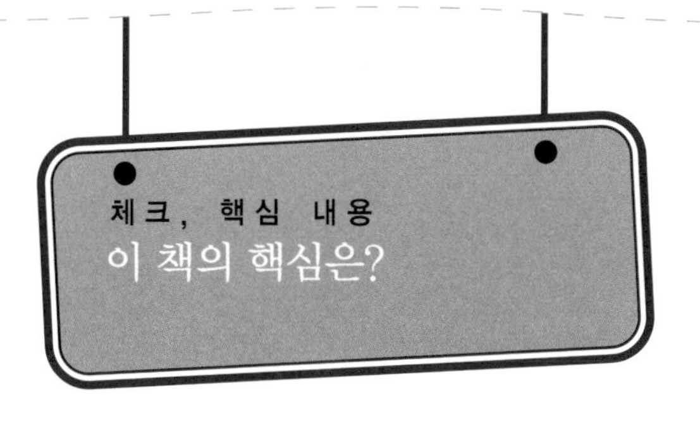

1. 삼각형의 내각의 합은 항상 □□□°입니다.
2. 삼각형의 한 꼭짓점과 그 대변의 중점을 잇는 선분을 □□이라고 부릅니다.
3. 삼각형의 넓이는 밑변의 길이와 □□의 곱을 2로 나눈 값입니다.
4. 직각삼각형에서 □□의 길이의 제곱은 다른 두 변의 길이의 제곱의 합과 같습니다.
5. 피타고라스의 정리를 만족하는 세 수를 □□□□□의 □라고 부릅니다.
6. 직각삼각형에서 빗변이 아닌 두 변의 길이가 각각 3, 4일 때, 빗변의 길이는 □입니다.
7. 원기둥의 옆면에서 가장 짧은 길의 거리는 □□□를 이용하여 구합니다.

1. 180 2. 중선 3. 높이 4. 빗변 5. 피타고라스, 수 6. 5 7. 전개도

이슈, 현대 수학

비유클리드 기하학

평면에 삼각형을 그리면 어떤 삼각형이든지 세 내각의 합은 180°가 됩니다. 이렇게 평면에서 성립하는 기하학을 '유클리드 기하학'이라고 합니다. 하지만 19세기의 수학자들은 면이 휘어져 있을 때는 유클리드 기하학이 성립하지 않는다는 사실을 알게 되었습니다.

19세기 초에 볼리아이(Janos Bolyai, 1802~1860)와 로바쳅스키(Nikolay Lobachevsky, 1792~1856)는 말안장 모양의 면에 삼각형을 그리만 세 내각의 합이 180°보다 작다는 것을 알아냈습니다. 이렇게 말안장 같은 면에서 성립하는 기하학을 '볼리아이 – 로바쳅스키' 기하학이라고 부릅니다. 말안장 면에서 또 하나 신기한 것은 이 면 위에 원을 그리면 이때 원주율은 π보다 커진다는 것입니다.

19세기 중반에 리만(Georg Riemann)은 공 모양의 면 위에 삼각형을 그리면 삼각형의 내각의 합이 180°보다 커진다는 것을 알아냈습니다. 또한 공의 면 위에 원을 그리면 원주율이 π보다 작아집니다. 이렇게 공의 면에서 성립하는 기하학을 '리만 기하학'이라고 합니다. 그리고 볼리아이-로바쳅스키 기하학과 리만 기하학을 합쳐 '비유클리드 기하학'이라고 부릅니다.

비유클리드 기하학은 휘어진 면에서 성립하는 기하학입니다. 반면에 유클리드 기하학은 휘어지지 않은 평면에서 성립하는 기하학입니다.

공의 면처럼 삼각형의 내각의 합이 180°보다 커지는 면을 양의 곡률을 가진 면이라고 하고, 말안장 면처럼 삼각형의 내각의 합이 180°보다 작아지는 면을 음의 곡률을 가진 면이라고 합니다.

평면은 양의 곡률도 음의 곡률도 가지고 있지 않으므로 곡률이 0인 면입니다. 그러므로 곡률이 0인 면에서의 기하학이 유클리드 기하학이고, 곡률이 0이 아닌 면에서의 기하학이 비유클리드 기하학입니다.

찾아보기

어디에 어떤 내용이?